ZEITSCHRIFT FÜR ANGEWANDTE GEOLOGIE

HERAUSGEGEBEN VON

DER STAATLICHEN GEOLOGISCHEN KOMMISSION

UND DER ZENTRALEN VORRATSKOMMISSION

DER DEUTSCHEN DEMOKRATISCHEN REPUBLIK

AUS DEM INHALT

AKADEMIE VERLAG BERLIN

BAND 9 / HEFT 3
MÄRZ 1963
SEITE 113–168

Die ZEITSCHRIFT FÜR ANGEWANDTE GEOLOGIE berichtet ständig über folgende Arbeitsgebiete: Geologische Grundlagenforschung und Lagerstättenforschung / Methodik der geologischen Erkundung / Ökonomie und Planung der geologischen Erkundung / Technik der geologischen Erkundung / Geologie und Lagerstättenkunde im Ausland. In der Zeitschrift können alle strittigen Fragen der praktischen Geologie behandelt werden. Die Autoren übernehmen für ihre Aufsätze die übliche Verantwortung.

ZEITSCHRIFT FÜR ANGEWANDTE GEOLOGIE

KOLLEKTIVE CHEFREDAKTION

BAND 9 · MÄRZ 1963 · HEFT 3

Hydrochemische Untersuchungen im Thüringer Wald südlich Ilmenau[1)]

WOLFGANG OESTREICH, Berlin

(Mitteilung aus dem Zentralen Geologischen Institut, Berlin)

1. Einleitung

Im Zusammenhang mit geologischen Untersuchungen (Bohrungen und Kartierungsarbeiten) zum Aufsuchen porphyrischer Kupfervererzungen im südöstlichen Teil des Thüringer Waldes wurden in diesem Gebiet hydrochemische Untersuchungen zur Ermittlung von Kupferanomalien durchgeführt. Das Untersuchungsgebiet fällt etwa mit den Grenzen der Meßtischblätter Ilmenau und Unterneubrunn zusammen. Seine Lage geht aus der Übersichtsskizze hervor (Abb. 1). Die Ergebnisse gestatten einige Aussagen über den Charakter der auftretenden Wässer und den hydrochemischen „Untergrund" ihrer Kupferführung.

2. Grundlagen der hydrochemischen Untersuchungen zum Nachweis von Kupfervererzungen

Bekanntlich ändern die natürlichen Wässer ihre Zusammensetzung, wenn sie mit Erzkörpern bzw. deren primären oder sekundären Dispersionshöfen in Berührung kommen, und zwar in Richtung einer Zunahme der Mineralisation. Die stärksten Veränderungen erfolgen, wenn Verwitterungsprodukte sulfidischer Erze gelöst werden.

Die sich in der Oxydationszone sulfidischer Lagerstätten abspielenden Vorgänge sind in der klassischen Monographie S. S. SMIRNOWS ausführlich dargestellt worden, so daß wir nicht näher darauf einzugehen brauchen. Wir bringen nur die Reaktionsgleichungen für die Oxydation der weitverbreiteten Sulfide Pyrit (I) und Kupferkies (II).

$$\text{I.}\quad 2\,FeS_2 + 7\,O_2 + 2\,H_2O \rightarrow 2\,FeSO_4 + 2\,H_2SO_4$$

$$4\,FeSO_4 + 2\,H_2SO_4 + O_2 \rightarrow 2\,Fe_2(SO_4)_3 + 2\,H_2O$$

$$\text{II.}\quad CuFeS_2 + 4\,O_2 \rightarrow CuSO_4 + FeSO_4$$

bzw.

$$CuFeS_2 + 2\,Fe_2(SO_4)_3 + 2\,H_2O + 3\,O_2 = CuSO_4 + 5\,FeSO_4 + 2\,H_2SO_4$$

Die Migrationsweite des Kupfers im Wasser wird wie die jedes anderen Metalls durch die Löslichkeit und die Stabilität seiner Verbindungen im wäßrigen Medium bestimmt. Die Löslichkeit der beiden in der Natur auftretenden Kupfersulfate — $CuSO_4 \cdot 5\,H_2O$ und $CuSO_4 \cdot 2\,H_2O$ — beträgt 207 g/l bzw. 2,090 g/l, während die Löslichkeit der basischen Kupfersulfate und -karbonate nur 0,5—1,5 mg/l beträgt, d. h., sie sind praktisch unlöslich. Bei pH-Werten $> 5{,}3$—6,0 fallen die Kupferverbindungen aus. Das Kupfer kann daher in stark sauren bis schwach sauren Medien in Form seiner Sulfate gut migrieren. Einschränkend ist hier zu sagen, daß bei den sehr geringen Mengen an Metallen, wie sie gewöhnlich in den natürlichen Wässern zu beobachten sind, der pH-Wert gar keinen oder nur sehr geringen Einfluß ausübt. So wurden z. B. in Wässern mit einem pH-Wert von 8,4 0,1—0,002 mg Pb/l, 0,1 mg (d. h. 100 γ) Cu/l und 0,04 mg Zn/l beobachtet (GINSBURG 1957). Bei intensiver Durchspülung wird Kupfer nahezu vollständig aus der Oxydationszone weggeführt und gelangt in die Oberflächenwässer. Bei sonst gleichen Bedingungen steht Kupfer hinsichtlich seiner Migrationsweite zwischen Blei (geringe Migrationsweite) und Zink (große Migrationsweite).

Aus diesen Betrachtungen ergeben sich bereits zwanglos die Kriterien, die beim Aufsuchen sulfidischer Kupferlagerstätten zu berücksichtigen sind. In den Wässern müssen also bestimmt werden: der Gehalt des Kupferions, des Sulfations und der pH-Wert. Eine weitere zu bestimmende Komponente ist der Gehalt des Chloridions, der für die Berechnung des Wertes des

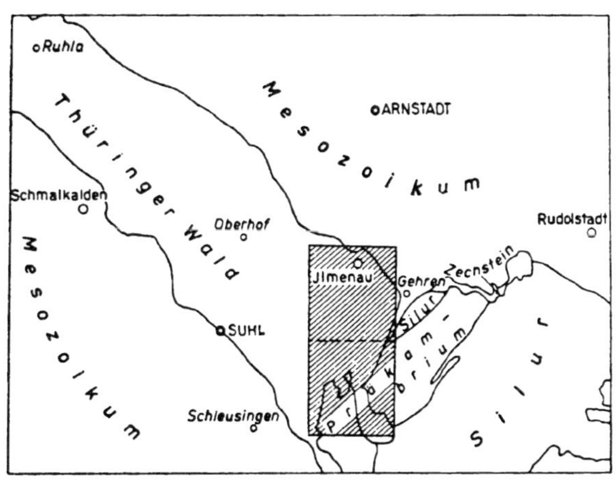

Abb. 1. Lage des Untersuchungsgebiets (schraffiert) im weiteren Raum von Thüringen (nach WEBER 1955)

[1)] Eingang des Manuskripts in der Redaktion: 27. 10. 1962

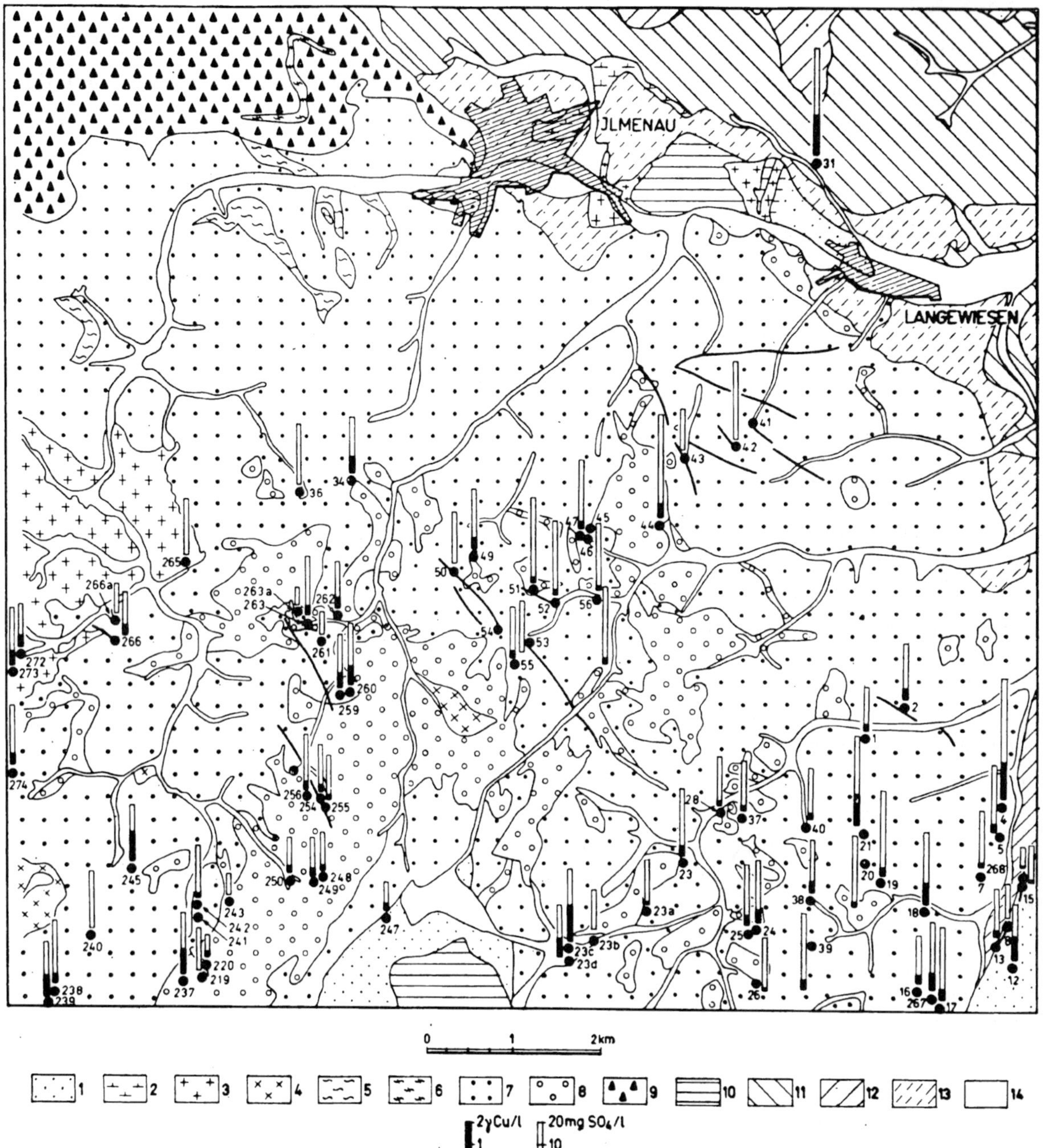

Abb. 2. Nördlicher Teil des Untersuchungsgebiets (Blatt Ilmenau) mit Angabe der Cu- und SO_4-Gehalte

1 – Ordovicium; 2 – Oberer Zechstein (zo 2); 3 – Granit; 4 – Syenitporphyr; 5 – Melaphyr; 6 – Melaphyrmandelsteine; 7 – älteste Sedimente des Unterrotliegenden und Glimmerporphyrit; 8 – Felsitporphyr; 9 – Oberhöfer Schichten; 10 – Schiefer, am Kontakt mit Granit verändert; 11 – Unterer Buntsandstein; 12 – Mittlerer Buntsandstein; 13 – Diluvium; 14 – Alluvium

SO_4:Cl-Verhältnisses benötigt wird. Das Sulfation gehört nach der Definition von A. A. BRODSKI (1957) zu den Komponenten, die in unterirdischen Wässern akkumuliert werden, d. h., mit zunehmender Mineralisation des Wassers wächst auch der Sulfatgehalt. Im Gegensatz zu Sulfat beeinflussen die Erzkörper den Chloridgehalt nicht, letzterer hängt nur mit der außerhalb des Bereichs von Erzkörpern erfolgenden Mineralisation der Wässer zusammen, er wird zuweilen auch als Maß (Kennziffer) der Mineralisation der Wässer überhaupt betrachtet. Über dem Durchschnitt liegende Werte des SO_4:Cl-Verhältnisses (Cl gewissermaßen als Bezugspunkt) bilden einen weiteren hydrochemischen Indikator beim Aufsuchen sulfidischer Kupferlagerstätten. Zusätzliche Kriterien sind Begleitelemente des Kupfers, in erster Linie Zink.

Im Untersuchungsgebiet, dessen kurze geologische und hydrogeologische Charakteristik anschließend gegeben wird, wurden vornehmlich Quellen untersucht, da diese bekanntlich für hydrochemische Untersuchungen tiefer liegender Erzkörper die besten Voraussetzungen bieten.

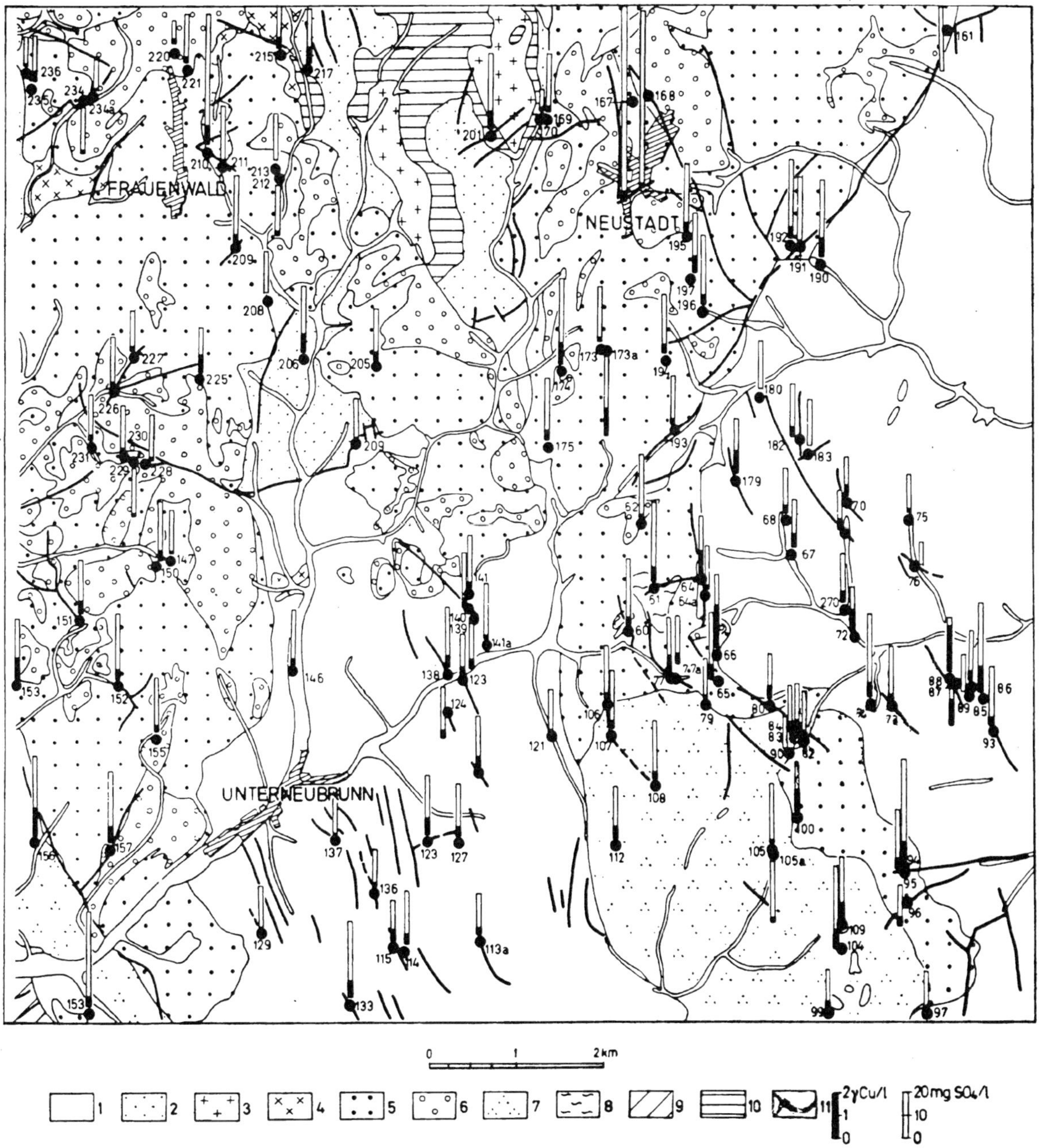

Abb. 3. Südlicher Teil des Untersuchungsgebiets (Blatt Unterneubrunn) mit Angabe der Cu- und SO_4-Gehalte

1 – Präkambrium; 2 – Ordovicium; 3 – Granit; 4 – Syenitporphyr; 5 – älteste Sedimente des Unterrotliegenden und Glimmerporphyrit; 6 – Felsitporphyr; 7 – Mittleres Rotliegendes; 8 – Melaphyr; 9 – Mittlerer Buntsandstein; 10 – Schiefer, am Kontakt mit Granit verändert; 11 – Alluvium.

3. Geologische und hydrologische Verhältnisse im Untersuchungsgebiet

Allgemeines

Das Untersuchungsgebiet gehört zum mittleren Teil des Thüringer Waldes, der im wesentlichen aus Gesteinen des Rotliegenden besteht. Im südöstlichen Teil des Untersuchungsgebiets ändert der Thüringer Wald geologisch und landschaftlich seinen Charakter, indem er in das aus präkambrischen Gesteinen bestehende Schiefergebirge übergeht. Im nordöstlichen Teil liegt ein aus mürbem Buntsandstein aufgebautes flaches Hügelland vor; an verschiedenen Stellen streicht Zechstein aus.

Im Untersuchungsgebiet herrschen Gesteine des Rotliegenden vor; die Unterlage besteht aus Granit und Präkambrium. Morphologisch treten im Schiefergebirge breite und flache Hochflächen stärker hervor, während im Gebiet des Rotliegenden der Kammgebirgscharakter stärker betont und die orographische Gliederung stärker ausgeprägt ist. Der die Kammlinie des Thüringer Waldes bezeichnende Rennsteig verläuft im Untersuchungsgebiet in südöstlicher, manchmal (in dessen südlichem Teil) in nahezu südlicher Richtung. Der Gebirgsteil ist bewaldet, fast ausschließlich mit Nadelholz. Die reichlichen Niederschläge begünstigen Moosvegetation, Anhäufung humosen Waldbodens und Moorbildung. Die Höhenmoore entsenden kleinere und größere Rinnsale, u. a. Schorte, Schobse und Wohlrose (die drei größten Zuflüsse der Ilm). Für bestimmte geologische Grenzen und für die orographischen Verhältnisse sind die südwestlich—nordöstliche sowie die Nord—Süd-Richtung von Bedeutung.

Kurze stratigraphische Gliederung der im Untersuchungsgebiet auftretenden Gesteine

Präkambrium

Im südlichen Teil des Untersuchungsgebietes enthält das thüringische Schiefergebirge lediglich Schichten präkambrischen Alters. Hierzu gehören ältere Schiefer von phyllitischem Aussehen (Quarzphyllit usw.); halbphyllitische und halbklastische Schiefer; dunkle, graue und graugrüne Tonschiefer. Die Schichten sind zusammengeschoben und gestaucht, mehr oder minder aufgerichtet und in zahllose Falten und Fältchen gelegt. In der Nachbarschaft von Granit sind die präkambrischen Schiefer z. T. kontaktmetamorph in Fleckschiefer und Hornfels umgewandelt worden.

Ordovicium

Das im mittleren Teil des Untersuchungsgebiets und östlich von Ilmenau auftretende Ordovicium besteht aus einer sehr mächtigen Folge von Schiefern, die teils phyllitisch, teils tonschieferartig ausgebildet sind, mit zwischengeschalteten Lagen von Quarzschiefern und Quarzit. Die Schichten streichen im Mittel SW—NE. Gegen das Präkambrium sind die ordovicischen Schichten durch Verwerfungen abgegrenzt.

Eugranitische Eruptivgesteine

Neben den genannten Gesteinen bildet auch Granit in erheblichem Maße die Unterlage des Rotliegenden. Im nördlichen Teil des Untersuchungsgebietes ist Granit nördlich Stützerbach und bei Ilmenau aufgeschlossen. Es handelt sich um einen wahrscheinlich jungkambrischen mittel- bis grobkörnigen, mehrfach hornblendeführenden Biotitgranit.

Im südlichen Teil des Untersuchungsgebietes ist ebenfalls an mehreren Stellen Granit aufgeschlossen, wobei die Vorkommen oberflächlich nicht zusammenhängen. Man kann annehmen, daß der Granit in einem System etwa N—S gerichteter Spalten im Schiefer aufgedrungen ist und gang- und stockförmige Massen bildet. Dieser Granit ist jünger als Kulm und etwas älter als die rotliegenden Porphyre und Porphyrite.

Rotliegendes

Im Untersuchungsgebiet sind hauptsächlich Schichten des Unterrotliegenden vertreten, während Mittel- und Oberrotliegendes zurücktreten. Innerhalb des Unterrotliegenden sollen nur die Gehrener Schichten näher beschrieben werden. Sie bestehen aus einer Folge von Sedimenten (verschiedenartig ausgebildeten Sandsteinen, Schiefertonen, Brekzien und Tuffen), die mit Eruptivgesteinsmassen (Porphyren, Porphyriten und Tuffen) wechsellagern. Mächtigkeit und Ausdehnung der verschiedenen Glieder wechseln unregelmäßig. Als Decken und Lager in den Gehrener Schichten kommen vor: Syenitporphyr, z. T. übergehend in Orthoklasporphyr; Enstatitporphyrit; Porphyrit; Glimmerporphyrit (letzterer übertrifft an Ausdehnung, Mächtigkeit und gleichmäßiger Verbreitung alle anderen), Felsitporphyr (er ist fast ebenso weit verbreitet wie der Glimmerporphyrit), weiterhin eine Reihe von lokal bezeichneten Porphyren und Porphyriten, die hier nicht aufgezählt werden sollen.

Das mittlere Rotliegende wird durch gröbere Konglomerate aus präkambrischem Material sowie durch porphyrisches und porphyritisches Material des unteren Rotliegenden vertreten.

Auf den Abb. 2 und 3, die den nördlichen und südlichen Teil des Untersuchungsgebietes geologisch charakterisieren, wurden die ältesten Sedimente des Rotliegenden mit dem Glimmerporphyrit zusammengefaßt. Der Felsitporphyr wurde getrennt dargestellt, ebenso Syenitporphyr und Melaphyr, und mittleres und oberes Rotliegendes wurden ebenfalls einzeln ausgehalten.

Im Zusammenhang damit, daß im Untersuchungsgebiet nur Quellen im Präkambrium, Ordovicium, Granit, in Kontaktgesteinen, im Unter- und Mittelrotliegenden sowie im Buntsandstein (hier nur eine einzige — Probenahmepunkt 31) untersucht wurden, soll auf die Beschreibung des Oberrotliegenden, des Zechsteins und des Buntsandsteins verzichtet werden.

Angaben zur Hydrologie

Der Rennsteig (der die Kammlinie des Thüringer Waldes bezeichnet), bildet im Untersuchungsgebiet die Wasserscheide. Die Gewässer westlich davon gehören zum Flußgebiet der Werra und damit zur Weser, die östlich zum Flußgebiet der Saale und im weiteren Sinne zur Elbe. Im nördlichen Teil des Untersuchungsgebietes gehören die Gewässer zum größten Teil zum Einzugsgebiet der Saale; von ersteren fließt ein ganz unbedeutender Teil zur Gera, der weitaus überwiegende Teil zur Ilm. Im südlichen Teil des Untersuchungsgebietes münden die meisten Gewässer östlich des Rennsteigs (u. a. Oelze und Masser) in die Schwarza; nur ein kleiner Teil, welcher nördlich der von Neustadt am Rennsteig gegen Nordosten ziehenden Wasserscheide entspringt, gelangt durch die Wohlrose in die Ilm. Der größte Wasserlauf westlich des Rennsteigs im Untersuchungsgebiet ist die Schleuse, gespeist aus dem Tränkbach, der Bösen Schleuse, den sich im Gabelsgrund vereinenden Wässern, dem Wasser des Tannengrundes, der Neubrunn und der Bieber.

Bemerkungen zur Art der im Untersuchungsgebiet auftretenden Quellen

Aus Abb. 2 (südlicher Teil des Untersuchungsgebietes) geht deutlich hervor, daß die im Bereich des Schiefergebirges (Präkambrium) entspringenden Quellen meist an tektonische Linien gebunden sind, wobei es sich nicht nur um ausgesprochene Verwerfungen handeln muß, sondern auch um Zonen ausgeprägter Zerklüftung. Weiterhin sind Schichtquellen und Hangschuttquellen zu verzeichnen. Einige Quellen im Rotliegenden folgen ebenfalls tektonischen Linien sowie Klüften und Schichtfugen. Auch hier sind Hangschuttquellen von erheblicher Bedeutung.

4. Untersuchungsverfahren

Geländearbeiten

Unter Zugrundelegung einer älteren, von DEUBEL durchgeführten Quellenkartierung erfolgte eine systematische Neuaufnahme aller Quellen im Untersuchungsgebiet. Nach deren Abschluß wurde mit der Probenahme begonnen. Auf Grund der Voruntersuchungen (s. u.) wurde die zu entnehmende Probemenge auf 5 l festgesetzt. An Ort und Stelle wurden der pH-Wert (mit Indikatorpapier), die Wasser- und Lufttemperatur und, wenn das möglich war, die Schüttung der Quelle bestimmt. Übrigens darf an dieser Stelle gleich gesagt werden, daß die Gehalte der chemisch bestimmten Komponenten kaum eine Abhängigkeit von der Schüttung zeigen; Verschiebungen liegen im Bereich der Analysenfehler, die Größenordnung änderte sich nicht. Unter günstigen Verhältnissen nahm die Bemusterung einer Quelle (mit Probeentnahme und Ausführung der genannten Bestimmungen) etwa 30 Minuten in Anspruch; bei ungünstigen Verhältnissen erhöhte sich diese Frist bis auf 1—$1^1/_2$ Stunde. Ein Teil der Proben (3—4 l) wurde mit spektralanalytisch auf Metallfreiheit geprüfter Salzsäure angesäuert, und zwar mit 2 ml HCl pro 1 l Wasser.

Bestimmungen im Labor

Zur Ermittlung des Chemismus und der Mineralisation der Wässer erfolgten im Rahmen der Voruntersuchungen (14 Analysen, s. Tab. 2) nachgenannte Bestimmungen: pH-Wert (elektrom.); Karbonathärte; Nichtkarbonathärte; Ca^{2+}, Mg^{2+}; $Fe_{ges.}$; Mn^{2+}; Na^+; K^+; Cl^-; $[SO_4]^{2-}$; $[NO_3]^-$; SiO_2; HCO_3^-; Abdampfrückstand und Per-

Tab. 1. Beispiel für die Umrechnung einer Wasseranalyse (Probepunkt 201)

Komponente	mg/l	Milligramm-äquivalent (mval)	Äquivalent-prozent
Ca^{2+}	7	0,349	34,7
Mg^{2+}	2	0,164	16,3
Fe^{3+}	0,1	0,005	0,5
Mn^{2+}	0,1	0,004	0,4
Na^{+}	9,2	0,400	39,8
K^{+}	3,2	0,084	8,3
Σ Kationen		1,006	100,0
SO_4^{2-}	37	0,770	74,4
Cl^{-}	7	0,197	19,0
NO_3^{-}	–	–	–
CO_2 geb.	3	0,068	6,6
Σ Anionen		1,035	100,0
Abdampfrückstand (M)	87,0		

Hydrochemische Formel nach KURLOW: $M_{87}\,\frac{SO_4 74\ Cl 19\ HCO_3 7}{Na 40\ Ca 35\ Mg 16\ K 8\ (Fe + Mn)\ 1}$

manganatverbrauch. NH_4^+, $[PO_4]^{3-}$ und NO_2^- waren in keinem Fall nachweisbar. Der Abdampfrückstand lag in der Mehrzahl der Fälle unter 100 mg/l. Die Analysen wurden auf Äquivalentprozent umgerechnet. Die entsprechenden hydrochemischen Formeln sowie die Werte für Karbonat- und Nichtkarbonatwerte, den pH-Wert und den $KMnO_4$-Verbrauch bringt Tab. 2. Als Beispiel für die Umrechnung bringen wir die Analyse des Wassers vom Probepunkt 201 (Tab. 1).

Aus der Betrachtung der hydrochemischen Formeln ergibt sich, daß bei den Anionen immer SO_4 dominiert, während bei den Kationen Ca, in einigen Fällen Na (Probe Nr. 38, 99, 173 und 201) vorherrscht. Auffällig ist der hohe NO_3^--Anteil bei Nr. 61. Die Wässer lassen sich als geringmineralisierte $Ca–Na–SO_4–HCO_3–Cl$-Wässer kennzeichnen. Die Gesamtmineralisation bewegt sich zwischen 0,5 und 2 mval.

Bei der Bemusterung aller Quellen im Untersuchungsgebiet (d. h. der hydrochemischen cuprometrischen Kartierung) wurden der pH-Wert, Kupfer, Sulfat und Chlorid bestimmt, ferner der als Sulfat vorliegende Abdampfrückstand. Bei der Wasseranalyse wurden im allgemeinen die in den „Einheitsverfahren für die Wasser-, Abwasser- und Schlammuntersuchung" angegebenen Verfahren befolgt, so daß hier nur die Bestimmung des Kupferions näher beschrieben werden soll.

Die Bestimmung des Kupferions[2])

400 ml der Wasserprobe werden in einen 500-ml-Schütteltrichter gebracht; nach Zugabe von 5 Tropfen

[2]) Die Arbeitsvorschrift wurde von Dipl.-Chem. STELZNER, VEB Geologische Erkundung West, Betriebsabteilung Jena, entwickelt.

Tab. 2. Ergebnisse der Wasservollanalysen im Untersuchungsgebiet

Probe-punkt	Nr. der Abb.	Formation bzw. Gestein	Karbonat-härte (°)	Nichtkarbo-nathärte (°)	SiO_2 (mg/l)	pH	$KMnO_4$-Verbrauch (mg/l)	Hydrochemische Formel nach KURLOW
1	2	Unterrotliegendes	2,1	0,3	12	6,8	1,7	$M_{96}\,\frac{SO_4 60\ HCO_3 25\ Cl 13\ NO_3 2}{Ca 63\ Na 27\ Mg 7\ K 3}$
28	2	Felsitporphyr/sonstiges Unterrotliegendes	1,4	0,6	16	6,8	2,4	$M_{84}\,\frac{SO_4 70\ HCO_3 15\ Cl 12\ NO_3 3}{Ca 62\ Na 34\ K 4}$
31	2	Unterer Buntsandstein	0,3	1,3	9	5,4	3,6	$M_{78}\,\frac{SO_4 79\ Cl 15\ HCO_3 5\ NO_3 1}{Ca 40\ Na 34\ Mg 15\ K 11}$
38	2	Unterrotliegendes	0,7	0,4	10	5,5	5,1	$M_{88}\,\frac{SO_4 67\ Cl 16\ HCO_3 15\ NO_3 2}{Na 55\ Ca 39\ K 6}$
40	2	Unterrotliegendes	3,1	1,1	12	4,9	2,7	$M_{122}\,\frac{SO_4 52\ HCO_3 30\ Cl 17\ NO_3 1}{Ca 70\ Na 24\ Mg 4\ K 2}$
61	3	Melaphyr	0,6	1,8	12	5,8	8,1	$M_{109}\,\frac{SO_4 62\ NO_3 16\ Cl 15\ HCO_3 7}{Ca 50\ Na 33\ Mg 12\ K 5}$
138	3	Präkambrium	0,8	0,8	8	6,4	4,1	$M_{80}\,\frac{SO_4 68\ Cl 19\ HCO_3 13}{Ca 45\ Na 42\ Mg 8\ K 5}$
151	3	Unterrotliegendes/Melaphyr	0,8	0,5	12	6,0	5,6	$M_{78}\,\frac{SO_4 62\ Cl 21\ HCO_3 17}{Na 45\ Ca 40\ Mg 8\ K 7}$
157	3	Felsitporphyr	2,1	1,4	14	6,5	4,9	$M_{159}\,\frac{SO_4 39\ Cl 22\ NO_3 20\ HCO_3 19}{Ca 52\ Na 30\ K 10\ Mg 8}$
179	3	Präkambrium	0,5	0,2	8	6,3	8,3	$M_{55}\,\frac{SO_4 63\ Cl 23\ HCO_3NO_3 3}{Na 52\ Ca 38\ K 9\ Fe 1}$
201	3	Kontakthof des Granits	0,4	1,0	8	5,2	10,5	$M_{87}\,\frac{SO_4 74\ Cl 19\ HCO_3 7}{Na 40\ Ca 35\ Mg 16\ K 8\ (Fe + Mn)\ 1}$
245	2	Unterrotliegendes	1,4	0,1	11	6,8	17,2	$M_{80}\,\frac{SO_4 55\ HCO_3 29\ Cl 16}{Ca 44\ Na 40\ K 8\ Mg 7\ Fe 1}$
265	2	Granit/Unterrotliegendes	1,7	0,8	8	6,9	9,9	$M_{102}\,\frac{SO_4 57\ HCO_3 25\ Cl 14\ NO_3 4}{Ca 61\ Na 28\ Mg 6\ K 4\ (Fe + Mn)\ 1}$
99 (Werra-quelle)	3	Mittleres Rotliegendes	0,3	0,4	5	4,6	8,3	$M_{51}\,\frac{SO_4 68\ Cl 24\ HCO_3 8}{Na 47\ Ca 43\ K 9\ (Fe + Mn)\ 1}$

durch Isothermdestillation gereinigter 1 n HCl und 3 ml Dithizonlösung (1 mg Dithizon auf 20 ml CCl_4) wird 10 min intensiv mit einer Schüttelmaschine geschüttelt. Das Dithizon wird in einen zweiten Schütteltrichter abgelassen und mit neuen 400 ml derselben Wasserprobe versetzt und wie vorher behandelt. Man schüttelt auf diese Weise 2—2,5 l Wasser aus. Das Dithizon muß am Ende noch grün gefärbt sein. Die mit Dithizon ausgeschüttelten Wasseranteile werden jeweils mit CCl_4 sparsam nachgewaschen. Dann wird die Tetraschicht einmal mit 10 ml 1 n HCl kräftig durchgeschüttelt, um etwa gebildetes Blei- oder Zinkdithizonat wieder zu zersetzen.

Nach dem Abtrennen wird der Tetrachlorkohlenstoff mit 3 ml durch Isothermdestillation gereinigter H_2SO_3 zur Reduktion von Fe^{3+} ausgewaschen.

Zur Entfernung des überschüssigen Dithizons wird 2—3mal mit je 5 ml ca. 0,08 n NH_4OH 10 s lang geschüttelt (NH_4OH ebenfalls durch Isothermdestillation gereinigt). Die mehr oder minder rotgefärbte Tetraschicht wird in einen 50-ml-Meßkolben abgelassen (evtl. filtriert); nach Auffüllen wird unter Verwendung von Grünfiltern kolorimetriert.

5. Bemerkungen zu den Kontrollanalysen

Bei insgesamt 214 Analysen wurden 15 Kontrollanalysen (das entspricht 7%) angefertigt. Die Tab. 3 bis 5 zeigen die Werte für den mittleren zufälligen Fehler (a_1), d. h. die innere Kontrolle. Eine äußere Kontrolle konnte nicht ausgeführt werden. Wie zu erwarten war, sind bei der Komponente mit den geringsten Gehalten (Cu) die größten Abweichungen zu beobachten (a_1 = 47,8%). Bei Sulfat, dessen Gehalte auch ziemlich niedrig liegen (im Durchschnitt bei 18 mg/l), beträgt der entsprechende Wert 9,2%, bei Chlorid 10,4%. Interessant ist ein Vergleich der Ergebnisse der inneren Kontrolle mit den in der UdSSR für Wasseranalysen festgelegten Toleranzen. Nach Umrechnung der in Prozent ermittelten a_1-Werte unserer Analysen auf die entsprechenden Einheiten (mg/l, γ/l), wobei als Bezugspunkt die

Tab. 3. Kontrolle der Cu-Bestimmungen

Nr. des Probenahmepunktes	Cu-Gehalt (γ/l) Zu kontrollierende Probe	Kontrollprobe	Abweichung +	−	
16	0,37	0,30		0,07	Die Summe der Abweichungen nach beiden Seiten beträgt:
37	0,15	0,20	0,05		
39	0,45	0,20		0,25	1,40 + 1,07 = 2,47
64a	0,10	0,10	—	—	
83	0,3	0,6	0,3		
106	0,2	0,1		0,1	
113a	0,3	0,2		0,1	
114	0,40	0,15		0,25	
141a	0,1	0,8	0,7		
225	0,8	0,8	—	—	
234	0,1	0,2	0,1		$a_1 = \frac{2{,}47 \cdot 100}{5{,}17} = 47{,}8\%$
237	1,1	0,8		0,3	
267	0,8	1,05	0,25		(mittlerer zufälliger Fehler)
	5,17	5,50	1,40	1,07	

Tab. 4. Kontrolle der SO_4-Bestimmungen

Nr. des Probenahmepunktes	SO_4-Gehalt (mg/l) Zu kontrollierende Probe	Kontrollprobe	Abweichung +	−	
13	18,85	18,77		0,08	Die Summe der Abweichungen nach beiden Seiten beträgt
16	18,11	21,24	3,13		
37	20,17	19,26		0,91	18,64 + 7,90 = 26,54
39	29,96	29,64		0,32	
64a	17,87	17,21		0,66	
83	15,64	13,85		1,79	
106	20,66	22,14	1,48		
113a	15,06	15,23	0,17		
114	18,85	16,93		1,92	
141a	23,46	21,24		2,22	
208	17,70	18,93	1,23		
225	12,01	19,76	7,75		
234	18,52	21,82	3,30		$a_1 = \frac{26{,}54 \cdot 100}{287{,}03} = 9{,}2\%$
237	17,29	17,95	0,66		
267	22,88	23,80	0,92		(mittlerer zufälliger Fehler)
	287,03	297,77	18,64	7,90	

Tab. 5. Kontrolle der Cl-Bestimmungen

Nr. des Probenahmepunktes	Cl-Gehalt (mg/l) Zu kontrollierende Probe	Kontrollprobe	Abweichung +	−	
13	3,50	3,85	0,35		Die Summe der Abweichungen nach beiden Seiten beträgt
16	3,03	2,54		0,49	
37	2,76	2,35		0,41	1,26 + 3,19 = 4,45
39	3,31	3,27		0,04	
64a	2,48	1,68		0,80	
83	3,34	2,99		0,35	
106	2,68	2,62		0,06	
113a	3,33	3,32		0,01	
114	4,23	3,91		0,32	
141a	2,16	2,12		0,04	
208	2,16	2,73	0,57		
225	2,37	2,39	0,02		
234	2,61	2,29		0,32	$a_1 = \frac{4{,}45 \cdot 100}{42{,}74} = 10{,}4\%$
237	1,95	2,26	0,32		
267	2,83	2,48			(mittlerer zufälliger Fehler)
	42,74	40,80	1,26	3,19	

ermittelten hydrochemischen Clarkes gewählt wurden, ergibt sich folgende Übersicht (Tab. 6).

6. Darstellung

Abb. 1 kennzeichnet die Lage des Untersuchungsgebietes im weiteren Raum von Thüringen. Die Verteilung der Probenahmepunkte geht aus den vereinfachten geologischen Karten — nördlicher und südlicher Teil des Untersuchungsgebietes (Abb. 2 und 3) — hervor. Die Gehalte von Cu und SO_4 sind als Säulendiagramme dargestellt.

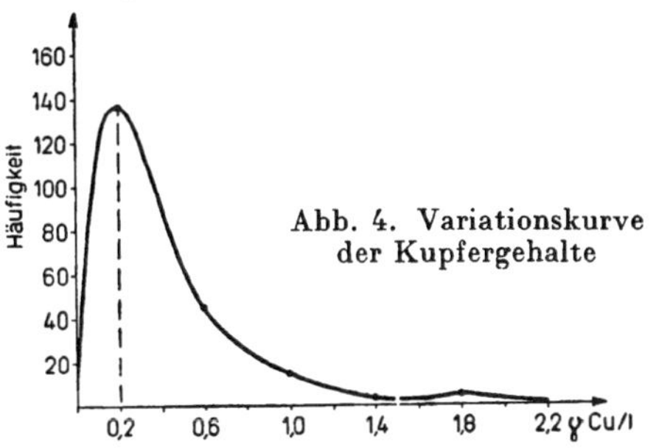

Abb. 4. Variationskurve der Kupfergehalte

7. Diskussion der Ergebnisse

Die regionalen hydrochemischen Clarkes im Untersuchungsgebiet

Allgemeines

Für die Erkennung und erste Auswertung hydrochemischer Anomalien muß der „hydrochemische Untergrund“, auf dem sich die Anomalien abzeichnen, ermittelt werden. Im Gegensatz zu einigen Komponenten, die praktisch nur in den Wässern von Lagerstätten zirkulieren, sind die von uns bestimmten Komponenten Kupfer, Chlorid und Sulfat Bestandteil aller natürlichen Wässer. Nach der Einteilung von A. A. BRODSKI (1962) gehört davon Kupfer zu den Elementen, die im Wasser dispergiert werden, während Sulfat und Chlorid im Wasser akkumuliert werden, d. h., ihr Gehalt nimmt mit wachsender Mineralisation zu.

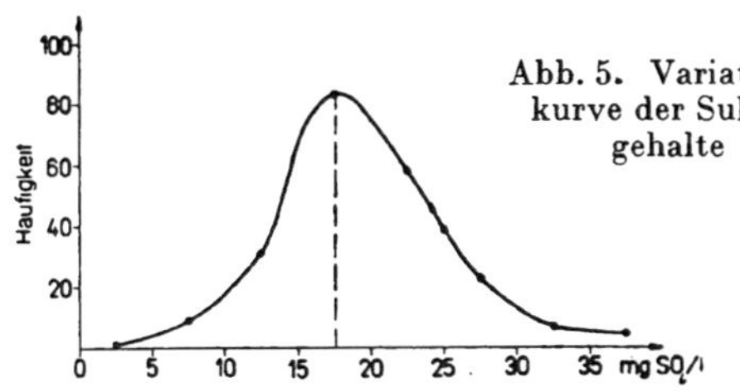

Abb. 5. Variationskurve der Sulfatgehalte

Zur Bestimmung der regionalen hydrochemischen Clarkes

Bei Vorhandensein einer genügenden Anzahl von Werten wie in unserem Fall erfolgt die Bestimmung des hydrochemischen Untergrundes (d. h. der regionalen hydrochemischen Clarkes) am besten variationsstatistisch, da hierbei das größte Maß an Objektivität gewahrt bleibt; der bekannte Mangel dieser Methode, der darin besteht, daß die Operation selbst in gewissem Maße losgelöst von der geologischen Karte erfolgen muß, tritt in unserem Falle praktisch nicht in Erscheinung, da sich faktisch die gleichen Werte ergeben, wenn man die Durchschnittsgehalte, getrennt nach den einzelnen geologischen Einheiten (Präkambrium, Unterrotliegendes usw.), berechnet. Die Konstruktion der Variationskurven (Abb. 4—7) ist relativ einfach. Auf der Abszisse werden die Gehalte abgetragen, auf der Ordinate die Häufigkeit („Zahl der Fälle“). Die entsprechenden Punkte im Koordinatensystem ergeben sich aus der Kombination beider Größen, wobei die Gehalte nach Gruppen zusammengefaßt werden, deren Zahl möglichst nicht unter 10—12 liegen soll.

Der Wert des Maximums der Kurve gilt als Untergrundgehalt (regionaler hydrochemischer Clarke).

Die regionalen hydrochemischen Clarkes im Untersuchungsgebiet

Kupfer

Abb. 4 zeigt die Variationskurve der Kupfergehalte. Die Gehalte wurden zu Gruppen von je 0,4 γ/l (0—0,4; 0,4—0,8 usw.) zusammengefaßt. Aus der Kurve ergibt sich, daß der regionale hydrochemische Clarke des Kupfers im Untersuchungsgebiet bei 0,2 γ liegt, also sehr niedrig ist. Die höchsten Cu-Werte betragen 2,2 γ.

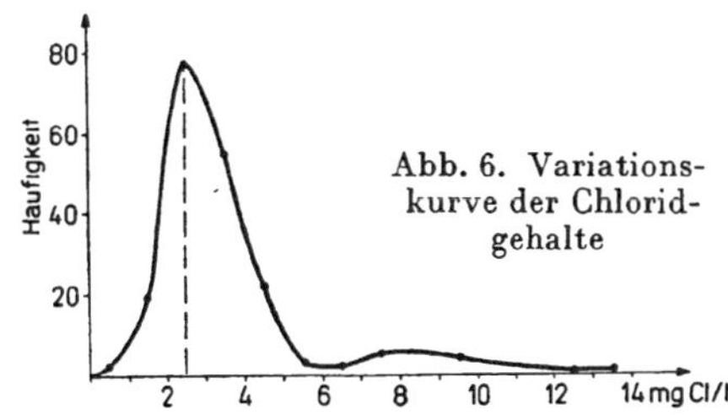

Abb. 6. Variationskurve der Chloridgehalte

Sulfat

Die Gehalte wurden in Gruppen von je 5 mg/l SO_4 zusammengefaßt (Abb. 5). Der entsprechende Mittelwert des Sulfatgehaltes der Wässer liegt bei 18 mg/l SO_4.

Chlorid

Die Gehalte wurden in diesem Falle zu Gruppen von je 1 mg/l zusammengefaßt und auf dieser Grundlage der Untergrundgehalt zu 3 mg/l Chlorid bestimmt (Abb. 6). Der Maximalgehalt liegt bei 14 mg/l.

pH-Wert

Der Vollständigkeit halber wurde auch die statistische Verteilung der Wasserstoffionenkonzentration der Quellwässer im Untersuchungsgebiet in Form einer Verteilungskurve dargestellt (Abb. 7). Die Werte wurden zu Gruppen mit je 0,5 pH Unterschied zusammengefaßt; es ist gut zu erkennen, daß das Maximum der Werte zwischen 6,0 und 6,5 liegt, wie es im allgemeinen den natürlichen Verhältnissen entspricht.

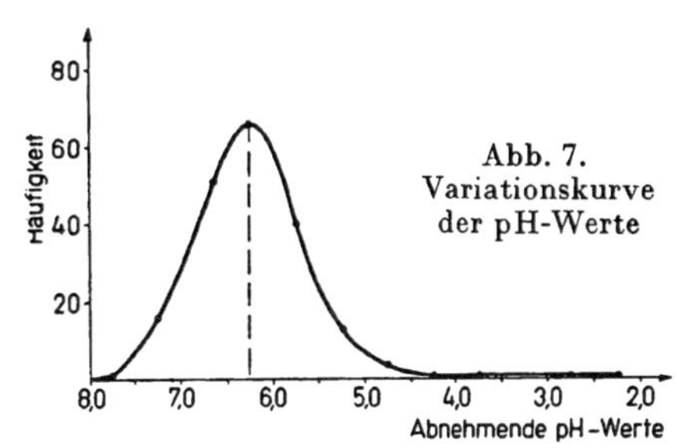

Abb. 7. Variationskurve der pH-Werte

Zum Sulfat-Chlorid-Verhältnis

Der Durchschnittswert für das Untersuchungsgebiet beträgt 6,7. Das genannte Verhältnis zeigt in den einzelnen geologischen Einheiten des Untersuchungsgebietes etwas stärker ausgeprägte Unterschiede: Am

Tab. 6. Zulässige Fehler von Wasseranalysen bei der Bestimmung von Cl, SO_4 und Cu

Komponente	Geltungsbereich*)	Zulässiger Fehler*)	a_1
Cl	Bis 200 mg/l	4 mg/l	0,3 mg/l
	> 200 mg/l	2% rel.	
SO_4	Bis 25 mg/l	3 – 5 mg/l	1,8 mg/l
	25 – 300 mg/l	5 – 10 mg/l	
	> 300 mg/l	3% rel.	
Cu	Bis 10 γ/l	2 γ/l	1 γ/l
	> 10 γ/l	20 – 25% rel.	

*) Nach der im Druck befindlichen neuen sowjetischen Instruktion. Vorbehaltlich des Fehlens der äußeren Kontrolle können unsere Werte a_1 als recht zufriedenstellend betrachtet werden.

niedrigsten (5,8) ist es im Präkambrium des Blattes Unterneubrunn, im Unterrotliegenden desselben Blattes ist der entsprechende Wert 6,6, im Unterrotliegenden von Blatt Ilmenau 7,0, und der höchste Wert (7,2) wird im Mittleren Rotliegenden von Blatt Unterneubrunn erreicht. Bei den sonstigen ausgehaltenen geologischen Einheiten gestattet die geringe Anzahl der Quellen keine Mittelwertbildung.

Zur Ermittlung hydrochemischer Anomalien

Aus den Abbildungen 4—7 geht bereits hervor, daß schon von den absoluten Werten her kaum Möglichkeiten für echte Anomalien gegeben sind. Zum Vergleich sei auf Abb. 8 verwiesen. Dieses aus der Arbeit von BRODSKI (1962) entnommene Beispiel der Variationskurve des Molybdäns aus einem anomalen Gebiet zeigt, wie hoch die als Anomalien zu betrachtenden Werte gegenüber dem Untergrund sind. Es soll deshalb im Prinzip darauf verzichtet werden, die nur wenig über dem regionalen hydrochemischen Untergrund liegenden Werte im einzelnen zu diskutieren, mit Ausnahme der Probenahmepunkte 167 und 168 nordwestlich Neustadt am Rennsteig auf Blatt Unterneubrunn (Abb. 2). Extrem hohe SO_4-Gehalte sind hier deshalb zu beobachten, weil durch Abwässer des Zündholzwerkes beeinflußte Wasseraustrittsstellen (Quellen) bemustert werden. Die Ursachen für etwas höhere Gehalte sind oft darin zu suchen, daß es sich meist um relativ „unsichere" Probenahmepunkte handelt (z. T. war die Probenahme erst einige Meter bis einige Dutzend Meter unterhalb des Ursprungs möglich, z. T. handelte es sich um den Zusammenfluß mehrerer Quellen, wo erst die Probenahme möglich war, und schließlich lagen die Probenahmepunkte öfters in versumpften Gebieten, wo die Cu-Gehalte erfahrungsgemäß meist etwas höher sind). Ferner ergab sich beinahe in allen Fällen, daß ein höherer Wert der einen Komponente kaum von einer entsprechenden Erhöhung der anderen begleitet wurde, und bekanntlich sind diese Erhöhungen einzelner Werte als unsicher zu betrachten. Mit anderen Worten: Im Untersuchungsgebiet, und insbesondere im engeren Bereich des ehemaligen Objektes Katzmannstal (im mittleren Teil des östlichen Untersuchungsgebietes), der besonders dicht bemustert wurde, ergeben sich anhand der hydrochemischen cuprometrischen Kartierung keine Hinweise für eine Kupferkonzentration. Letzteres sei nochmals anhand der von BRODSKI (1962) angegebenen Werte veranschaulicht. Danach enthalten Wässer in Kupferlagerstätten gewöhnlich einige Milligramm bis einige Dutzend Milligramm Kupfer pro Liter; in den durch Dispersionshöfe beeinflußten Wässern beträgt der Kupfergehalt gewöhnlich einige Dutzend Gamma, bisweilen kann er einige Hundert Gamma erreichen, und die regionalen hydrogeochemischen Clarkes (die Untergrundgehalte) liegen bei einigen γ/l, hin und wieder bei 20—30 γ/l. I. I. GINSBURG (1957) bringt unter Berufung auf SAUKOW & PERELMAN folgende, in der gleichen Größenordnung liegende Werte für Cu: in Fluß- und Grundwässern erzfreier Gebiete — $1 \cdot 10^{-6}$ bis $1 \cdot 10^{-5}$ g/l (d. h. 1 γ bis 10 γ/l); in Wässern, die Erzlagerstätten entwässern —

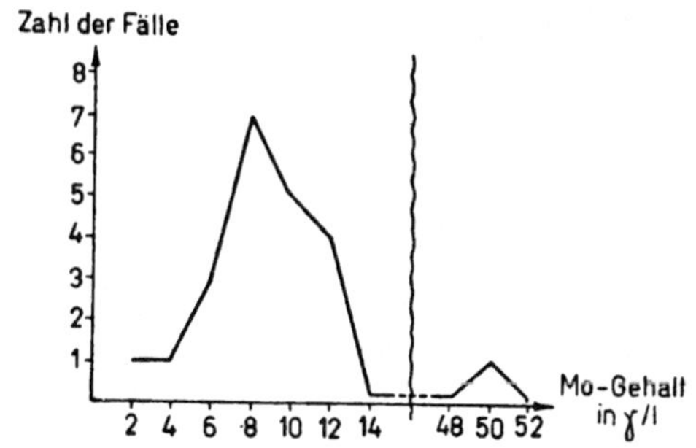

Abb. 8. Variationskurve zur Ermittlung anomaler Molybdängehalte in einem „anomalen" Bereich (nach BRODSKI 1962)

$1 \cdot 10^{-5}$ bis $1 \cdot 10^{-3}$ g/l (d. h. 10 γ bis 1 mg/l). Eine Diskussion der relativ geringen Unterschiede ist daher unter Berücksichtigung der sehr geringen Gehalte nicht sinnvoll. Die Sulfatgehalte bewegen sich im wesentlichen im Bereich der Normalverteilungskurve, und mit Ausnahme der bereits erwähnten Pseudoanomalien (Probenahmepunkte 167 und 168) sind keine weiteren Anomalien zu bezeichnen. Die geringen Cu-Gehalte lassen sich vielleicht damit erklären, daß bei der Art der Quellen (i. w. Hangschuttquellen, weniger dagegen „aufsteigende" Wässer) kein langer Weg im Gestein und damit nicht die Möglichkeit einer stärkeren Anreicherung gegeben war. Unberührt davon bleibt natürlich der Umstand, daß im Falle des Auftretens oberflächennaher Cu-Lagerstätten sich deren Anwesenheit im Erscheinen von kräftigen Anomalien in der Regel kenntlich macht.

8. Bemerkungen zu früheren Wasseranalysen aus dem Untersuchungsgebiet

Wenn die Wässer aus Tonschiefern, Quarziten und Grauwacken stammen, handelt es sich um weiche Wässer, wobei die Gesamthärte im allgemeinen zwischen 1 und 5° schwankt. Diese von W. HOPPE (1952) getroffene Feststellung kann durch das Beispiel der Probe-

Tab. 7. Vergleich der Chlorid- und Sulfatwerte nach HOPPE (1952) mit den vorliegenden Untersuchungen

	SO_4 (mg/l)	Cl (mg/l)	SO_4 : Cl	Abdampfrückstand (mg/l)
Wasseranalyse von Masserberg (aus HOPPE 1952)	10,8	17	0,64	40
Wasser von Probepunkt 87	5,35	8	0,67	37 (als Sulfat)
Wasser von Probepunkt 88	4,12	6	0,69	32 (als Sulfat)

nahmepunkte (Quellen) 138 (westlich Gießübel) und 179 (südwestlich Altenfeld) belegt werden. Die Gesamthärte beträgt an diesen Punkten 1,6° bzw. 0,7°. Auch der Abdampfrückstand besitzt geringe Werte (80 mg/l bzw. 55 mg/l); HOPPE bemerkte, daß er oft unter 100 mg/l liegt. Der gleiche Verfasser führte eine Wasseranalyse aus kambrischen (jetzt: präkambrischen) Schichten aus der Gegend von Masserberg (Blatt Unterneubrunn) ohne nähere Bezeichnung der Örtlichkeit an. Auf Grund der Tatsache, daß in dieser Analyse der Chloridgehalt höher ist als der Sulfatgehalt, sind damit am ehesten die Werte der Probenahmepunkte 87 und 88 (bei Masserberg) zu vergleichen, bei denen die gleiche Erscheinung zu verzeichnen ist, die übrigens von allen untersuchten Quellen nur bei diesen beiden beobachtet werden konnte. Im folgenden bringen wir die Werte der drei genannten Analysen (Tab. 7).

9. Bemerkungen zur Erhöhung der Effektivität hydrochemischer Untersuchungen

Ökonomisch betrachtet, war der Aufwand für die Untersuchungen relativ hoch, da viel Labor- und Transportkapazität beansprucht wurde. Bei Bestimmung verschiedener Komponenten (Cu, SO_4, Cl) im Gelände hätte sich eine weitgehende Einsparung ergeben. Über die damit zusammenhängenden Fragen (Organisation hydrochemischer Untersuchungen zum Aufsuchen von Lagerstätten, Feldmethoden u. a.) soll später berichtet werden.

Zusammenfassung

Im südöstlichen Teil des Thüringer Waldes wurde eine systematische Neuaufnahme und Bemusterung aller verfügbaren Quellen unter dem Aspekt des Aufsuchens von porphyrischen Kupfervererzungen durchgeführt. Durch Voruntersuchungen (Analyse von 14 Wasserproben aus unterschiedlichen Gesteinskomplexen) konnte nachgewiesen werden, daß es sich bei den untersuchten Wässern um wenig mineralisierte $Ca-Na-SO_4-HCO_3-Cl$-Wässer handelt, mit einer Gesamtmineralisation zwischen 0,5 und 2,0 mval. Durch variationsstatistische Bearbeitung der Ergebnisse der Serienanalysen auf Cu, SO_4 und Cl wurden die regionalen hydrochemischen Clarkes im Untersuchungsgebiet mit folgenden Werten ermittelt: Cu — 0,2 γ/l; SO_4 — 18 mg/l; Cl — 3 mg/l. Das durchschnittliche SO_4:Cl-Verhältnis beträgt 6,7. Die Ergebnisse der inneren Kontrolle wurden systematisch ausgewertet. Die Untersuchungsergebnisse wurden mit den Angaben aus der Literatur verglichen.

Резюме

В юго-восточной части Тюрингенского леса проводилась систематическая повторная съемка и опробование всех имеющихся водоисточников с точки зрения поисков медно-порфировых оруденений. Путем предварительных исследований (анализ 14 проб воды из различных комплексов горных пород) удалось выявить, что исследованные пробы представлены маломинерализованными водами типа $Ca-Na-SO_4-HCO_3-Cl$, с общей минерализацией в пределах 0,5—2,0 мг-экв. Вариационно-статистическая обработка результатов массовых анализов на Cu, SO_4 и Cl дала для исследуемого района следующие значения регионального гидрохимического фона: Cu — 0,2 мкг/литр; SO_4 — 18 мг/литр; Cl — 3 мг/литр. Среднее значение отношения SO_4 : Cl составляет 6,7. Результаты внутреннего контроля подробно обсуждаются. Результаты исследования сопоставляются с литературными данными.

Summary

In the south-eastern part of the Thuringian Forest a systematic new inventory and sampling of all springs available was made under the aspect of prospecting for porphyric copper mineralizations. Preliminary investigations (analysis of 14 water samples from different rock complexes) have shown that the waters in question are poorly mineralized $Ca-Na-SO_4-HCO_3-Cl$ waters, with a total mineralization between 0.5 and 2.0 mval. A variation-statistical treatment of the results of series analyses for Cu, SO_4 and Cl has given the following values for the regional hydrochemical Clarkes in the area investigated: Cu — 0.2 γ/l; SO_4 — 18 mg/l; Cl — 3 mg/l. The average SO_4:Cl ratio is 6.7. The results obtained by internal control are systematically analysed. The results of the investigations are compared with those published in the literature.

Literatur

BERNSTEIN, K. H. & W. OESTREICH: Bericht über eine TWZ-Reise in die UdSSR. — Akten des ZGI, Berlin 1962.

BRODSKI, A. A.: Die hydrochemische Methode zum Aufsuchen von Kupfer. — Gosgeoltechisdat, Moskau 1956.

— Die hydrochemische Methode zum Aufsuchen von Erzlagerstätten (Vorläufige methodische Hinweise). — Gosgeoltechisdat, Moskau 1957. Deutsche Übersetzung im WTI, 3, Sonderheft 1, Berlin 1962.

GINSBURG, I. I.: Versuch einer Ausarbeitung der theoretischen Grundlagen für geochemische Methoden zum Aufsuchen von Erzen bunter und seltener Metalle. — Gosgeoltechisdat, Moskau 1957. (Deutsche Übersetzung in Vorbereitung; erscheint im Jahre 1963 im Akademie-Verlag, Berlin).

HAASE, L. W. u. a.: Deutsche Einheitsverfahren zur Wasser-, Abwasser- und Schlammuntersuchung. Physikalische, chemische und bakteriologische Verfahren. — Verlag Chemie G.m.b.H., Weinheim/Bergstraße, 1954.

HOPPE, W.: Die hydrogeologischen Grundlagen der Wasserversorgung in Thüringen. — VEB G. Fischer Verlag, Jena 1952.

KONONOWA, R. S.: Zur Effektivität und Rentabilität hydrochemischer und metallometrischer Suchmethoden. — Sowjetische Geologie, H. 8, S. 119 bis 122, 1961.

KRAJNOW, S. R.: Die Nutzung der von Quellen gespeisten Oberflächenwässer bei der hydrochemischen Erzlagerstättenprospektion. — Raswedka i ochrana nedr, H. 4, 42—45, 1958.

LORETZ, H.: Erläuterungen zur geologischen Spezialkarte 1 : 25000, Blatt Masserberg.

LORETZ, H., R. SCHEIBE & E. ZIMMERMANN: Erläuterungen zur geologischen Spezialkarte 1 : 25000, Blatt Ilmenau.

SERGEJEW, J. A.: Die Untersuchung von Wässern als Mittel zum Aufsuchen polymetallischer Lagerstätten. — Raswedka nedr, H. 2, 1946.

SMIRNOW, S. S.: Die Oxydationszone sulfidischer Lagerstätten. — Akademie-Verlag, Berlin 1954.

WARK, W. J.: Geochemical Prospecting in Lakes and Rivers. — The Canadian Mining and Metallurgical Bulletin, 48, 195—198 (1955).

WEBER, H.: Einführung in die Geologie Thüringens. — VEB Deutscher Verlag der Wissenschaften, Berlin 1955.

Autorenkollektiv: Fragen der Geochemie unterirdischer Wässer. — Sammelband von Arbeiten des WSEGINGEO, Moskau 1962. (Deutsche Übersetzung in Vorbereitung; erscheint im WTI des ZGI, Berlin.)

Molybdän in einer Braunkohlenlagerstätte Usbekistans[1)]

N. P. PETROW, UdSSR

Das im gebirgigen Gelände gelegene Untersuchungsgebiet ist ein 8—10 km breiter und 90 km langer tektonischer Graben, der von einem System komplizierter Störungen begrenzt wird. Senkrecht zur Längsrichtung des Grabens angeordnete große Brüche gliedern das Tal in verschiedene tektonische Stufen.

Die im Graben entwickelten mesozoischen und känozoischen Ablagerungen sind an beiden Seiten von oberpaläozoischen Gesteinen — hauptsächlich Effusiva mit seltenen Einlagerungen von Kalken, Schiefern, Sandsteinen und Konglomeraten — umsäumt. Stellenweise werden die fast 7 km mächtigen Effusivgesteine von verschiedenartigen Eruptivgesteinen durchbrochen.

Im untersuchten Gebiet weist der triassische vulkanogene Komplex im allgemeinen eine Mächtigkeit von

---

[1)] Aus: „Sowjetskaja geologija", Nr. 9, 1961, S. 148—152 (etwas gekürzt). — Übers.: G. MAGALOWSKI.

2,2 km auf. Die Sandsteine, Tone, Braunkohlen und tuffogenen Gesteine des Jura haben eine Mächtigkeit von 200 bis 400 m. Bei den jurassischen effusiven Bildungen unterscheidet man eine vor und eine nach der Flözbildung entstandene (erste und zweite) tuffogene Folge. Bis 35 m mächtige rote Sandsteine und Tone gehören zu den Gesteinen der Kreide.

Die paläogenen Ablagerungen bestehen aus Quarzsanden, grünem Bentonit und Kalksteinen; im allgemeinen liegt ihre Mächtigkeit zwischen 70 und 120 m. Hierauf folgen aleurolitische[2]) und sandig-konglomeratische Ablagerungen des Neogen mit einer Mächtigkeit von 300—350 m und quartäre Schotter. Ende des Neogen und im Quartär entstanden im Zusammenhang mit einer allgemeinen Hebung der gebirgigen Gebiete Mittelasiens im untersuchten Territorium Brüche sowie der Graben mit den wiederaufgelebten, ihn begrenzenden Verwerfungen.

Die jurassischen Ablagerungen liegen in einer alten Flußniederung. Das Fehlen von Konglomeraten und sogar von Graveliten[3]) spricht für das geringe Gefälle der „Paläo"-Flüsse und des Tales. Zu Beginn des Jura betrug die Breite des Tales 1,5 bis 2 km, zur Zeit der Bildung der oberen Horizonte der kohlenführenden Serie erreichte sie 10 bis 12 km (Abb. 1).

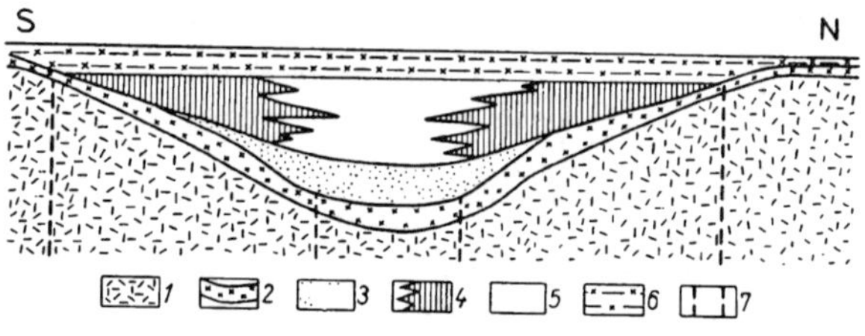

Abb. 1. Schematisches lithologisches Profil der jurassischen Ablagerungen

1 — Effusivgesteine des Perms, der Trias und möglicherweise des Jura; 2 — mesozoische Verwitterungsrinde (primäre Kaoline); 3 — Sandsteinfolge mit Einlagerungen von Kohle und Aleuroliten (Komplex der tiefsten Flußablagerungen); 4 — kohlenführende Folge autochthoner Entstehung: Braunkohle, Fazies der Trockenwaldtorfe auf den Terrassen der „Paläo"-Flüsse; 5 — kohlenführende Folge allochthoner Entstehung: Braunkohle mit Einlagerungen von Aleuroliten und Sandsteinen der tiefsten Flußablagerungen und Flußniederungsablagerungen (Zone der Umlagerung der Kohle); 6 — primäre und sekundäre Kaoline der tuffogenen Gesteinsfolge (zweite Verwitterungsrinde); 7 — Störungszonen, auf denen die Einsenkungen erfolgten

Die jurassischen sedimentär-vulkanogenen Ablagerungen sind metallführend und enthalten zahlreiche sulfidische und oxydische Mineralien. Verf. untersuchte die Metallführung der jurassischen Schichten, besonders die Molybdän-Mineralisation.

Die Metallführung der jurassischen Ablagerungen

Die Verwitterungsrinde der paläozoischen und mesozoischen Effusiva sowie die sie bedeckenden jurassischen Ablagerungen enthalten neben Oxyden, Sulfiden und Karbonaten des Eisens auch Sulfide anderer Metalle, z. B. Jordisit, Arsenopyrit, Galenit, Sphalerit und evtl. noch andere. Nach den Angaben der chemischen und Spektralanalysen hat das Eisen die größte Bedeutung; denn die Gehalte von Molybdän, Wolfram, Blei, Zink, Kupfer, Chrom, Nickel u. a. liegen bedeutend niedriger. Im Profil der Juraschichten ist eine zonale Abfolge der verschiedenen Fe-Mineralien zu beobachten (Abb. 2). Zuunterst liegt die Zone der Eisenkarbonate, darüber die Zone der Eisensulfide und am höchsten die Zone der Eisenoxyde.

Die Metallführung der Verwitterungsrinde

Die paläozoischen, triassischen und vielleicht auch die jurassischen vulkanogenen Gesteine des Gebiets unterlagen zu Beginn des Mesozoikums den Prozessen der Verwitterung. Das Ergebnis bildete eine 10—100 m mächtige Verwitterungsrinde (die primären Kaoline).

In den Quarzliparitporphyren und deren Tuffen, aus denen die sekundären Kaoline entstanden, ist das Eisen an die dispers im Gestein verteilten Mineralien Hämatit und Magnetit gebunden, die bis 8% ausmachen. In der Verwitterungsrinde beobachtete man zwei Anreicherungshorizonte des Eisens. Im ersten, der 40 m unter dem Hangenden liegt, erreicht der Sideritgehalt 20—30%. Die Existenz eines solchen Anreicherungshorizontes zeugt davon, daß in der Ablagerung der vulkanogenen Gesteine und Tuffgesteine eine Pause auftrat, während der die Kaolinisierung und die Bildung eines Lateritхorizontes erfolgten. Die Karbonatisation des Eisens fand später unter dem Einfluß unterirdischer Wässer, die kohlensaures Gas und Kohlensäure enthielten, statt. Der zweite, 1—1,5 m mächtige Anreicherungshorizont befindet sich im Hangenden der Verwitterungsrinde. Hier kommt das Eisen in Form von Sulfiden vor, deren prozentualer Anteil manchmal 80—90% erreicht.

Spektralanalysen von Eisensulfidproben ergaben einen Molybdängehalt von 0,01 bis 1%, Zink und Arsen ungefähr 0,1% und Kupfer, Blei, Mangan und Vanadium ungefähr 0,1 bis 0,001%.

Die Prozesse der Bildung von Lateritböden (A. E. FERSMAN 1933, I. I. GINSBURG 1957, F. W. TSCHUCHROW 1955, A. P. WINOGRADOW 1957) und ihre Sulfidisation, die zur Entstehung eigenartiger Kaolin-Quarz-Sulfid-Gesteine führten, sind kompliziert und noch nicht völlig geklärt. Dieser Prozeß kann etwa folgendermaßen geschildert werden:

Die Eisenoxyde des Lateritbodens, der durch Torflager und Sümpfe bedeckt wurde, kamen mit verschiedenen Produkten der Lebenstätigkeit der Pflanzen und Bakterien in Berührung. Infolge des sich entwickelnden Schwefelwasserstoffes bildeten sich aus den Eisenoxyden Eisensulfide. Gleichzeitig entstanden weitere sulfidische Verbindungen des Molybdäns, Bleis, Zinks und anderer Metalle. Die Metalle wurden in den Pflanzen konzentriert, die nach ihrem Absterben zur Ablagerung kamen und den Fäulnisprozessen unterlagen, wobei die organische Substanz abgebaut, aber die Elemente im Boden angereichert wurden.

Die Kaolin-Quarz-Sulfid-Gesteine und die sie unterlagernden Kaoline sind durch Spaltensysteme zerschlagen, die mit den obenerwähnten Sulfiden gefüllt sind. Die Stärke dieser Adern beträgt 1—3 cm. Wo sie zutage ausstreichen, sind die Sulfidadern mit einem dünnen Häutchen von Ilsemannit ($Mo_3O \cdot 6 H_2O$) bedeckt, der die primären Kaoline blau färbte. Ilsemannit geht unter dem Einfluß der Oberflächenwässer in eine kolloidale Lösung über und wird ausgewaschen und fortgeführt.

Die Metallführung der Sandsteine und Aleurolite

In den Sandsteinen und Aleuroliten, die zwischen der Verwitterungsrinde und der kohlenführenden Folge lagern und eine Mächtigkeit von 80 m erreichen, treten

[2]) Aleurolite: verfestigte (zementierte) Verwitterungsgesteine, die zwischen Sandsteinen und tonigen Gesteinen stehen. Bei einer vorwiegenden Korngröße von 0,1—0,01 mm erfolgte der Transport im Wasser z. T. schon schwebend, wobei ähnliches Verhalten wie bei kolloidalen Substanzen auftritt: Ausflockung in salzhaltigem Wasser (Anm. d. Übers.).

[3]) Gravelite: verfestigte (zementierte) Lockergesteine aus mehr oder weniger gerundeten Bruchstücken verschiedener Mineralien und Gesteine mit einem Durchmesser von 1 (von manchen Autoren ab 2—2,5 mm gerechnet) bis 10 mm (Anm. d. Übers.).

Einschlüsse, Linsen und dünne Schichten von Sulfiden auf (Markasit, Pyrit, Jordisit, Galenit und Sphalerit), wobei Eisensulfide vorherrschen. Die Spektralanalysen der einzelnen Proben zeigten das Vorhandensein von Molybdän, Blei, Zink und Arsen. Die zutage ausstreichenden Linsen und Schichten der Sulfide sind mit dünnen Ilsemannithäutchen bedeckt.

Die Bildung von Sulfiden in Sandsteinen und Aleuroliten ging wahrscheinlich auf folgende Weise vor sich:

Während der Bildung der Verwitterungsrinde, wahrscheinlich Ende des Lias, lebten tektonische Bewegungen wieder auf, was zur Bildung der „Paläo"-Flüsse führte, in deren Niederungen sich feinklastisches Material (Sande, Aleurolite) und Pflanzenreste anzuhäufen begannen. Die „Paläo"-Flüsse, welche die durch schwache Erosion zerstörten Lateritböden fortführten, und die in der gleichen Zeit entwässernden Grundwässer, die gelöste Metalle enthielten, reicherten stagnierende Wässer der seichten Lachen, Altarme und Sümpfe mit gelöstem Eisen, Molybdän, Blei und anderen Elementen an. Auf dem Grunde der Lachen, Altarme und Sümpfe wurden bei der Fäulnis des pflanzlichen Materials in einzelnen Abschnitten, die reich an anaeroben, Schwefelwasserstoff entwickelnden Bakterien waren, Bedingungen geschaffen, die zur Anhäufung der Metallsulfide führten.

Die Metallführung der kohlenführenden Schichtenfolge

An der Basis der 80—180 m mächtigen kohlenführenden Serie lagert ein mächtiges Kohlenflöz. Darüber befindet sich eine Wechsellagerung von Kohlen, Tonen, Aleuroliten und Sandsteinen. Alle Gesteine der kohlenführenden Folge enthalten in wechselnder Menge Sulfide, besonders hoch ist der Sulfidgehalt in den Schichten an der Basis dieser Folge. Die durchgeführte fazielle Analyse zeigt, daß die kohlenführende Schichtenfolge in autochthone und allochthone Bildungen unterteilt werden kann. Das allgemeine Schema der Wechselbeziehungen dieser beiden Komponenten (Abb. 1) wird charakterisiert durch die Entwicklung der autochthonen Fazies an den Rändern des Tales (eluvial-deluviale Ablagerungen) und die Entwicklung der allochthonen Fazies im Zentrum (alluviale Ablagerungen).

In den Sandsteinen im tiefsten Teil des „Paläo"-Flußbettes und der seitlichen Nebenflüsse kommen versteinerte Samenkerne von Ginkgo und inkohlte (vitritisierte) Pflanzenreste — einzelne Äste und Stammholz — sowie pflanzlicher Detritus vor. Ein Teil dieser organischen Reste wurde mehr oder weniger durch Sulfide intuskrustiert.

In den Kohlen sind ebenfalls Sulfide zu beobachten. Dort, wo das mächtige Kohlenflöz an der Basis der kohlenführenden Folge der Verwitterungsrinde auflagert, befindet sich zwischen den Sulfiden ein Horizont von 5—10 cm dicken und 0,5—1,0 m langen Barytlinsen, die im Abstand von Dekametern bis zu einigen hundert Metern angeordnet sind. Zwei Typen des Baryts treten auf: reiner, feinkörniger, grauer Baryt und schwarzer Baryt, der eng mit Jordisit verwachsen ist.

Die Kohlenmasse besteht hier zu 90% aus Fusit, die übrigen 10% sind Vitrit[4]). Im allgemeinen hat die Fusitschicht eine Mächtigkeit von 50—60 cm. Sie wird immer von einer 10—15 cm mächtigen Schicht oder schichtigen Linse aus Vitrit überlagert. Diese Reihenfolge der Schichten ist auf dem ganzen Profil des Kohlenflözes zu beobachten. Die Sulfide sind vorzugsweise an die Lage der fusitischen Kohle gebunden.

Man kann fünf Typen der sulfidführenden Einschlüsse unterscheiden:

1. kugelförmige Einschlüsse mit einem Durchmesser von 1 mm bis 10 cm,
2. „spanförmige" Einschlüsse,
3. unregelmäßig geformte Einschlüsse mit einem Durchmesser von 10—15 cm,
4. dünne linsenförmige Schichten aus dichtem Sulfid,
5. Adern.

Die ersten drei Typen sind gut in der fusitischen Kohle sichtbar, wo sie auf den Schichtflächen auftreten. Die kugelförmigen sulfidischen Einschlüsse sind oft in kettchenförmigen Lagen angeordnet und haben einen Durchmesser von 0,1—2,0 mm bis zu 3,0—5,0 cm. Die spanförmigen und unregelmäßig geformten Einschlüsse kommen einzeln oder in Gruppen vor. Öfter beobachtet man dünne linsenförmige Einlagerungen von Sulfiden, die mit kettchenförmigen Lagen kugelförmiger Einschlüsse abwechseln. Die stärkste Konzentration der in der Kohle auftretenden Sulfide liegt in den unteren Teilen des Flözes (10—15 Gewichtsprozente) und verringert sich nach dem Hangenden auf 1—3%.

In den ersten drei Typen der Einschlüsse treten hauptsächlich Eisensulfide auf. Gewöhnlich bestehen die Zentren der Einschlüsse aus Markasit und die oberen Schalen aus Pyrit. Unter dem Mikroskop sind auch kleine Einschlüsse von Galenit und Sphalerit zu erkennen. In den kugelförmigen Einschlüssen wurden spektralanalytisch in geringen Mengen Molybdän, Wolfram, Kupfer und Arsen nachgewiesen.

Der vierte Typ — dünne linsenförmige Schichten aus dichtem Sulfid — besteht in der Hauptsache aus Jordisit sowie aus Beimengungen von (vermutlich) Tungstenit. Jordisit hat die gleiche schwarze Farbe wie die Kohle und ist oft in enger Verwachsung mit Baryt anzutreffen.

Die Sulfidadern sind immer an Spaltensysteme gebunden, durch die die Kohle in polygonale Blöcke von rhombischem Querschnitt zerschlagen wird. Die Spalten sind 3—5 m voneinander entfernt. Die Mineralisation zeigt in ihnen eine scharf ausgeprägte Zonalität. In der Verwitterungsrinde haben die Spalten eine Stärke von 2—10 cm, und die Spaltenfüllung besteht aus Sulfiden. In den Braunkohlen weisen die Adern eine Sulfid-Baryt-Zusammensetzung auf, seltener ist die Zusammensetzung Baryt-Ilsemannit und Ton. Im Hangenden des Kohlenflözes und noch höher bestehen die Adern aus Ton und Kalzit oder nur aus reinem Kalzit. Folgende Sulfide kommen vor: Pyrit, Markasit, aber auch Jordisit, Sphalerit, Galenit u. a. In den geringmächtigen Kalk- und Dolomitlinsen im Hangenden des Kohlenflözes sind dünne Adern von schwarzen Sulfiden jordisitischer Zusammensetzung anzutreffen.

Die sulfidführenden primären Kaoline, Sandsteine und Kohlen sind dort, wo sie zutage ausstreichen, der Verwitterung ausgesetzt; an Stelle der Sulfide bilden sich neue Mineralien, und zwar vorwiegend Sulfatmineralien: Melanterit, Jarosit, Halotrichit, Alaun und Gips. Daneben trifft man blaue Krusten von Ilsemannit an, der bei der Zersetzung von Jordisit entsteht. An den Stellen intensiver Verdunstung unterirdischer Wässer sind 3—5 cm dicke Rinden zu finden, die von Ilsemannit durchdrungen sind. In den aus diesen Rinden und den Adern des blauen Tons entnommenen Proben erreicht der

[4]) In der Sowjetunion werden für ältere Braunkohlen petrographische Bezeichnungen wie in der Steinkohle verwendet (Anm. d. Übers.).

Molybdängehalt 2,55% (I. I. GINSBURG 1957), in den festen Rückständen dieser Proben (nach Wasserextraktion) betrug er mehr als 20%.

Die Metallführung der zweiten sedimentär-vulkanogenen Folge

Die ungefähr 60 m mächtige, zweite vulkanogene Folge, die im Hangenden der kohlenführenden Serie folgt, besteht aus tuffogenen Gesteinen und Tuffgesteinen, die mit Sanden und sekundärem Kaolin wechsellagern. Sie enthält drei Laterithorizonte und Einschlüsse von Goethit und Hydrogoethit (s. Abb. 2). In Proben aus den Lateritböden und den Goethiteinschlüssen wurde durch die chemische Analyse Molybdän nachgewiesen, das wahrscheinlich in Form von feindispersem Molybdänocker vorhanden ist, der schwer erkennbar ist. Allerdings erfolgte keine Konzentration des Molybdäns (nur etwa $2 \cdot 10^{-2}$% Mo) (A. E. FERSMAN 1933).

Das allgemeine Schema der Mineralisation der jurassischen Ablagerungen des Gebiets zeigt Abb. 2.

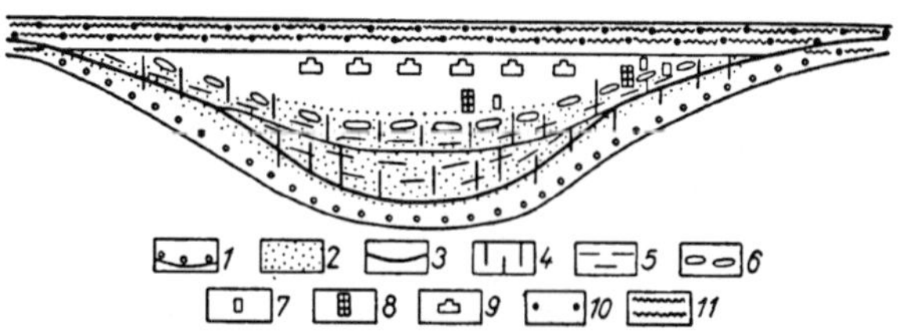

Abb. 2. Schema der Mineralisation der jurassischen Ablagerungen

1 — Verbreitungszone der Siderite in den primären Kaolinen (erster Laterithorizont); 2 — Verbreitungszone von dispersem Pyrit, Markasit und Jordisit; 3 — Zone der kompakten Entwicklung von Pyrit und Markasit mit Einlagerungen von Jordisit und Baryt (zweiter Laterithorizont); 4 — bis 10 cm mächtige Adern aus Ton, Pyrit, Markasit, Jordisit, Baryt, Kalzit, Galenit und Sphalerit; 5 — zentimeterstarke Pyrit-, Markasit-, Jordisit- und Barytlinsen mit Einschlüssen von Galenit und Sphalerit; 6 — Linsen aus schwarzem, kohlehaltigem Dolomit und Kalk mit dünnen Einlagerungen und Äderchen von Jordisit; 7 — weiße Kalzitäderchen; 8 — kalzitisierte Braunkohle; 9 — Pflanzenreste (Stämme), mit Pyrit und Markasit intuskrustiert; 10 — Goethit- und Hydrogoethiteinschlüsse in der vulkanogenen Schicht; 11 — Lateritböden mit einem Fe_2O_3-Gehalt bis 10%

Molybdän in den unterirdischen Wässern

In den unterirdischen Wässern, die in den Spalten der jurassischen Ablagerungen zirkulieren und aus den effusiven Schichten des Paläozoikums kommen, finden sich Cl^--, SO_4^{--}-, HCO_3^-- und MoO_4-Ionen. Diese Ionen wurden in fast allen aus dem Kohlenflöz austretenden Quellen festgestellt. Spektralanalytisch wurden in den festen Rückständen dieser Wässer Strontium, Barium und Eisen in einigen zehntel Prozent, Silber in einigen hundertstel und Blei in einigen tausendstel Prozent nachgewiesen.

Die Verwertung der Bodenschätze im untersuchten Gebiet

In den untersuchten Ablagerungen treten folgende Bodenschätze auf: Braunkohle, Kaolin, Quarzsand, aleurolitisch-kaolinitische Tone und Jordisit-Ilsemannit-Erze.

Sollte sich der untere Teil der quartären Schotter als goldführend erweisen, dann sind diese gesondert zu gewinnen. Unter dem Schotter befinden sich Aleurolite und Tone in einer Mächtigkeit von 10—12 m. Alle Tonlagen sind als Rohstoff für Tonerde sowie für feuerfeste und schwer schmelzbare Erzeugnisse geeignet. In den folgenden Schichten — tonige und sandige Ablagerungen in Wechsellagerung mit Kohle — sind Linsen von aleurolitisch-tonigen Gesteinen, die eine Länge von einigen hundert und eine Mächtigkeit von 2—3 m haben, eingelagert. Diese bilden einen guten Rohstoff für feuerfeste Erzeugnisse. Das darunter auftretende Kohlenflöz ist in mehreren Schnitten abzubauen. Der untere 6—8 m mächtige Teil des Flözes wird am besten gesondert abgebaut, weil hier Molybdänsulfide auftreten.

Unter dem Flöz lagern Sandsteine und sulfidführende Schichten der Verwitterungsrinde, die Kaolinit, Quarz und die Hauptmasse der Eisensulfide sowie geringe Mengen von Molybdän-, Blei- und Zinksulfiden enthalten. Weiter darunter befinden sich primäre Kaoline, die den Rohstoff für Schlämmkaolin und Quarzsand (manchmal mit Zirkon) bilden. Außerdem ist hier ein Teil der Sulfide enthalten. Im untersten Teil dieser Stufe ist wahrscheinlich Siderit anzutreffen.

Die unterirdischen Wässer enthalten, wie schon erwähnt, im festen Rückstand Molybdän, das man gewinnen und verwerten kann.

Schlußfolgerungen

Auf Grund der Untersuchungsergebnisse lassen sich folgende Schlußfolgerungen ziehen:

1. Der sedimentäre Typ der Molybdänvererzung, die Jordisit-Ilsemannit-Mineralisation, ist wahrscheinlich in jenen kohlenführenden Ablagerungen entwickelt, die in Gebieten lagern, in denen saure Ergußgesteine, die die Kennzeichen einer polymetallischen und Molybdänvererzung zeigen, auftreten.

2. Die Konzentration des Molybdäns in den kohlenführenden Ablagerungen erfolgte auf verschiedene Weise. Zum Beispiel:

a) durch die Lebenstätigkeit der Pflanzen und ihre nachfolgende Inkohlung (Fusinitisierung), die von einer Anhäufung des Molybdäns im Boden begleitet wurde, und

b) durch die Fällung des Molybdäns in der organischen Braunkohlenmasse aus den unterirdischen Wässern im stark reduzierenden Milieu.

3. Die Nutzbarmachung der Jordisit-Ilsemannit-Vererzung hat in Verbindung mit der komplexen Förderung der übrigen Bodenschätze (Kaolin und Ton) zu geschehen. Für die Realisierung dieses Projekts muß man die Forschungsarbeiten sowie die Erkundungs- und technologischen Arbeiten auf Kaolin, Ton und Molybdän forcieren.

Zusammenfassung

In einem zwischen oberpaläozoischen Gesteinen (überwiegend Effusiva, z. T. auch Kalke, Schiefer, Sandsteine und Konglomerate) gelegenen Graben tektonischer Entstehung wurden mesozoische und känozoische Sedimente, hauptsächlich Sandsteine, Tone, Braunkohle und tuffogene Gesteine, abgelagert. Die in diesen Sedimenten auftretende Molybdänvererzung (Jordisit und Ilsemannit) ist vor allem an Braunkohlen und Laterithorizonte gebunden. Außerdem finden sich hier Eisen-, Blei- und Zinksulfide.

Die Metalle entstammen den oberpaläozoischen Gesteinen, in denen sie in dispers eingelagerten Mineralien vorkommen. Die Konzentration des Molybdäns erfolgte durch die Lebenstätigkeit der Pflanzen und ihre nachfolgende Inkohlung sowie durch Fällung des Molybdäns in der organischen Braunkohlenmasse aus den unterirdischen Wässern im stark reduzierenden Milieu.

Резюме

В долине тектонического происхождения, расположенной среди верхнепалеозойских горных пород (преимущественно эффузивы, отчасти и известняки, сланцы, песчаники и конгломераты), отлагались мезозойские и кайнозойские осадки, главным образом песчаники, глины, бурый уголь и туфогенные породы. Встречающееся в этих осадках Мо-оруденение (иордизит и ильземаннит) приурочено главным образом к бурым углям и латеритовым горизонтам. Кроме того, здесь встречаются также сульфиды железа, свинца и цинка.

Металлы происходят от верхнепалеозойских горных пород, в которых они встречаются в рассеянно распределенных минералах. Накопление молибдена совершалось под влиянием жизненной деятельности растений и последующей их углефикации, а также путем осаждения молибдена из подземных вод в органической массе бурого угля в сильно восстановительной среде.

Summary

In a valley of tectonic origin situated between Upper Paleozoic rocks (mainly effusive rocks, partly also limes, slates, sandstones and conglomerates), Mesozoic and Cainozoic sediments — chiefly sandstones, clays, lignite and tuffaceous rocks — were deposited. A mineralization of molybdenum (jordisite and ilsemannite) taking place in these sediments is, above all, confined to lignite and laterite horizons, but iron, lead and zinc sulphides are found as well.

The metals originate in Upper Paleozoic rocks, where they occur in dispersedly embedded minerals. The concentration of molybdenum was produced by plant activities and their subsequent carbonification, as well as by precipitating molybdenum in organic lignite mass from underground waters in a considerably reducing environment.

Literatur

FERSMAN, A. E.: Geochemie. — Goschimtechisdat, 1933.
GINSBURG, I. I.: Einige physiko-chemische Momente bei der Bildung von Ton. — Materialien der Beratung zur Erforschung und Verwertung der Tone, Lwow 1957.
PETROW, N. P., I. W. RUBADOW, N. N. TSCHERNEWSKIJ & A. A. ABDULLACHODSHAJEW: Molybdän in jurassischen AblagerungenUsbekistans. — Vorträge der Akad. Wiss. UdSSR, Nr. 1, 1959.
TSCHUCHROW, F. W.: Kolloide in der Erdrinde. — Verl. Akad. Wiss. UdSSR, 1955.
WINOGRADOW, A. P.: Geochemie der seltenen und Spurenelemente in den Böden. — Verl. Akad. Wiss. UdSSR, 1957.

Die Eignung der Deckgebirgsschichten in den Vorfeldern der Braunkohlentagebaue Böhlen und Espenhain für die Wiederurbarmachung[1]

MANFRED WÜNSCHE & WOLF-DIETER OEHME, Freiberg (Sa.)

(Mitteilung Nr. 129 aus dem VEB Geologische Erkundung Süd, Freiberg/Sa.)

Vorbemerkung

Die Ausdehnung der Braunkohlentagebaue hat in zunehmendem Maße eine Devastation land- und forstwirtschaftlicher Produktionsflächen zur Folge. Pflicht des bergbautreibenden Betriebes ist es, nach Auskohlung der Tagebaue für die Land- und Forstwirtschaft wieder nutzbare Gebiete zu hinterlassen. Die Grundlage für die durchzuführenden Maßnahmen der Wiederurbarmachung bilden bodengeologische Gutachten, in denen die sich aus den Deckgebirgsverhältnissen des Tagebauvorfeldes ergebenden Rekultivierungsmöglichkeiten dargelegt werden. Zur Klärung dieser Fragen wurden im Bereich der Großtagebaue Böhlen und Espenhain folgende Arbeiten durchgeführt:

1. Profilaufnahme und Probenahme am Baggerschnitt;
2. Auswertung der im Vorfeld gestoßenen Bohrungen;
3. Auswertung der Ergebnisse der Bodenschätzung;
4. bodenphysikalische und bodenchemische Untersuchungen von Proben der Deckgebirgsschichten.

Allgemeine Verhältnisse

Die Tagebaue mit ihren bodengeologisch erkundeten Vorfeldern (WÜNSCHE 1959/1960; WÜNSCHE & OEHME 1961) liegen etwa 20 km südlich von Leipzig. Im Bereich des Feldes Böhlen kommen in dem Zeitraum 1962 bis 1975 etwa 750 ha Nutzfläche zum Abbau, wobei das gesamte Waldgebiet der Harth mit 385 ha erfaßt wird. Das bis 1975 vorgesehene vorwiegend landwirtschaftlich genutzte Abbaugebiet des Tagebaues Espenhain beträgt etwa 1000 ha. Die Tagebaufronten rücken in nördlicher Richtung vor. Die Verkippung der Abraummassen der Förderbrückenbetriebe folgt den ausgekohlten Tagebauen (Abb. 1).

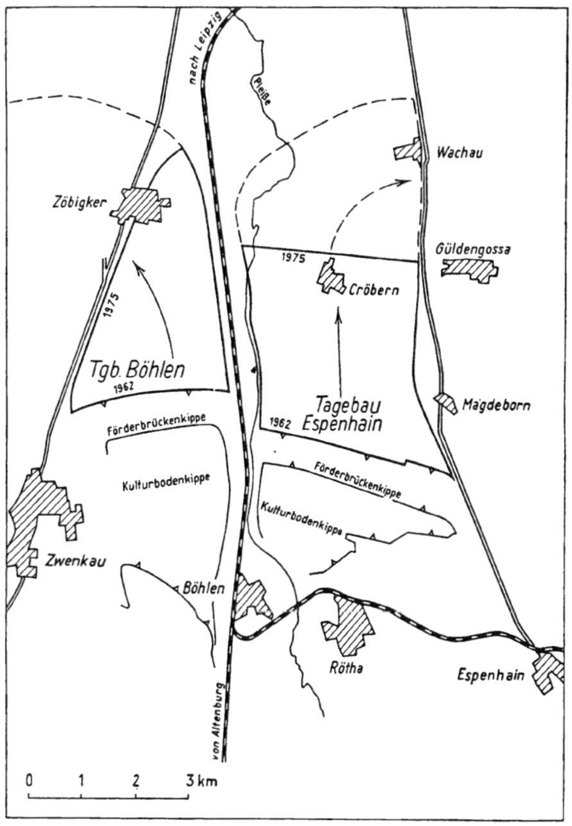

Abb. 1. Lageskizze der Tagebaue Böhlen und Espenhain

Die Oberflächengestaltung zeigt weite, teilweise leicht gewellte Ebenen, die von der breiten Niederung der Pleiße durchzogen werden. Die Höhenlage des Untersuchungsgebietes schwankt zwischen 120 und 130 m ü. NN.

[1]) Eingang des Manuskripts in der Redaktion: 11. 9. 1962.

Das Klima läßt sich nach Angaben der Wetterstation Zwenkau wie folgt kennzeichnen:

Durchschnittlicher Jahresniederschlag	540 mm,
davon entfallen auf die Monate Mai bis Juli	180 mm.
Durchschnittliche Jahrestemperatur	9,0 °C,
Monatsmittel Mai bis Juli	15,9 °C.

Der Regenfaktor nach LANG (N/t) beträgt 60,0. Danach sind die klimatischen Verhältnisse zum Anbau aller landwirtschaftlichen Pflanzen günstig. Eichen-Hainbuchen-Wald und Eichen-Winterlinden-Birken-Wald bilden die natürlichen Waldgesellschaften (SCHULTZE 1955).

Das Deckgebirge

Ergebnisse der Feldaufnahme

Das geologische Profil zeigt über altpaläozoischen Schichten (P. ENGERT 1957) flözführende tertiäre und in der Mächtigkeit wechselnde quartäre Ablagerungen, die folgende Gliederung aufweisen:

Das Liegende bilden obereozäne sandig-tonige Schichten, denen das 8—12 m mächtige Hauptflöz (Flöz II nach MEYER 1951) aufliegt. Ein durchschnittlich 8—12 m mächtiges, aus Sanden und Tonen bestehendes Mittel trennt das Hauptflöz vom ebenso mächtigen Oberflöz (Flöz IV nach MEYER). Das Deckgebirge über dem Oberflöz beginnt mit über 20 m mächtigen sandig-schluffigen oligozänen Ablagerungen. Nach PIETZSCH (1956, 1962) und HOHL (1958) ist ein unterer brauner und ein oberer grauer Meeressand zu unterscheiden. Der untere Sand ist überwiegend ungeschichtet und enthält häufig inkohlte Wurzelreste sowie kohlige Beimengungen. Der obere Meeressand folgt in konkordanter Lagerung. Er ist besser geschichtet, lokal stark tonig-schluffig und weist neben Glaukonit zahlreiche Reste von marinen Versteinerungen (L. ENGERT 1957) auf. Die Meeresablagerungen enthalten zuweilen durch Kalk verfestigte Partien und Phosphoritkonkretionen. Im Hangenden der Meeressande liegen örtlich gelbbraune, horizontal geschichtete feine Sande, die als Formsande bezeichnet werden.

Die Pleistozänfolge beginnt mit 3—10 m mächtigen rißglazialen Flußschottern (dsφ). Sie bestehen aus deutlich geschichteten gelbbraunen Kiesen und Sanden. Die Gerölle der Flußschotter setzen sich überwiegend aus Quarz, untergeordnet aus Kieselschiefer und nordischem Material zusammen. Sie werden von einer 2—8 m mächtigen tiefgründig verlehmten rißeiszeitlichen Grundmoräne (dm) überlagert, in die Sand- und Kieslinsen eingeschaltet sind. Der ursprünglich graue Geschiebemergel ist nur noch lokal erhalten. Die Grundmoräne bildet nicht überall eine geschlossene Decke. Deshalb lagert der das Pleistozän abschließende, etwa 0,5 bis 0,8 m mächtige würmglaziale Lößlehmschleier örtlich unmittelbar auf den Flußschottern. Im Bereich der Pleißeaue wurden Grundmoräne, Lößlehm und ein Teil der alten Schotter abgetragen. Es kam hier im Holozän zur Ablagerung von Kiesen (asφ) und graubraunem bis rotbraunem Auelehm (h). Einen Überblick über den Aufbau des Deckgebirges vermittelt Abb. 2.

Die Beschaffenheit der gewachsenen Böden der Vorfelder ist vor allem vom Ausgangsgestein abhängig, wobei die unterschiedliche Mächtigkeit sowie die physikalische und chemische Zusammensetzung ausschlaggebend für Bodenart und Bodentyp sind. Weiterhin bestimmen örtlich klimatische Verhältnisse, Oberflächengestaltung des Geländes und Vegetation (Nutzung) die Ausbildung der Böden. Im wesentlichen sind zu unterscheiden:

a) Böden auf Auelehm;
b) Böden auf Lößlehm über Geschiebelehm;
c) Böden auf Lößlehm über pleistozänen Sanden und Kiesen.

a) Die Auelehmböden stehen als sandige Lehme bis schluffig-tonige Lehme an und werden örtlich von

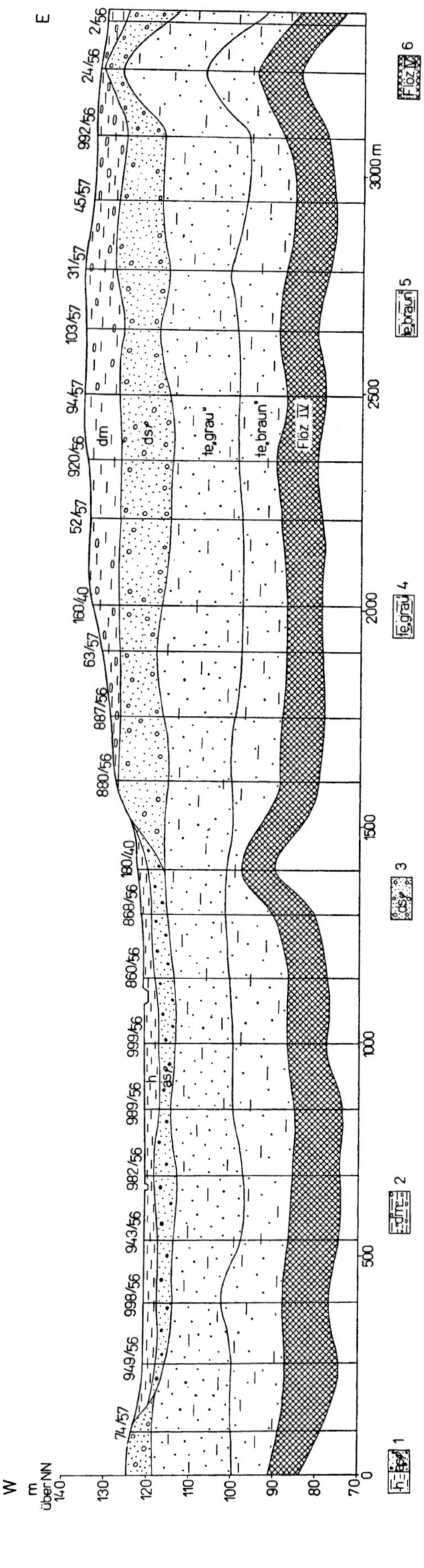

Abb. 2. Profil durch den Tagebau Espenhain

1 – Auelehm bzw. Flußschotter (Holozän); 2 – Lößlehmschleier (Würm), darunter Geschiebelehm, schwach kiesig, mit Sandbändern und -linsen (Riß); 3 – Flußschotter (Mittelpleistozän); 4 – „Grauer Meeressand", Fein- bis Mittelsand, lokal tonig, glimmerhaltig, locker (Mitteloligozän); 5 – „Brauner Meeressand", Fein- bis Mittelsand, einzelne Partien tonig, lokal verfestigt und kohlehaltig (Unteroligozän); 6 – Oberflöz (Eozän); 74/57 usw. – Bezeichnungen für Bohrungen

dünnen, horizontal verlaufenden Sand- und Kiesbändern durchzogen. Je nach den Durchlüftungsverhältnissen und der Höhe des Grundwasserspiegels liegen bodentypologisch braune Aueböden oder Gleyböden vor.

b) Die Böden auf Lößlehm über Geschiebelehm nehmen den Großteil der Nutzflächen ein. Der Lößlehm ist ein feinsandig-schluffiger Lehm. Bei dem Geschiebelehm handelt es sich je nach seinem Sand- und Tongehalt um einen sandigen Lehm bis tonigen Lehm mit wechselndem Kies- und Steingehalt.

Herrschen im Untergrund sandige Lehme bis Lehme vor, so besteht infolge der ziemlich gleichmäßigen Verteilung der Fraktionen im Feinboden und der damit verbundenen relativ lockeren Lagerung ein ausgeglichener Wasser- und Lufthaushalt. Der Boden ist meist tiefgründig verbraunt und als Braunerde gekennzeichnet. Toniger Lehm im Untergrund bedingt zeitweilig Staunässe im Boden, die durch die Reliefverhältnisse verstärkt werden kann. Bodentypologisch treten meist Pseudogleye auf, die durch ein fahlgrau-rostfleckiges und -streifiges Profil gekennzeichnet sind. Auf flachen Geländeerhebungen wurden Übergangsformen der Braunerde zum Pseudogley festgestellt.

c) Die Böden auf Lößlehm über pleistozänen Sanden und Kiesen sind je nach der Mächtigkeit der Lößlehmdecke mehr oder weniger stark durchlässig für Niederschlagswasser und gut durchlüftet. Verlagerungen feinster toniger Substanzen vom Ober- zum Unterboden sind charakteristisch. Als Bodentyp lassen sich vorwiegend Parabraunerden nachweisen.

Die Böden der Acker- und Waldflächen zeigen im wesentlichen die gleichen Stadien der Bodenentwicklung und Grundformen der Bodenbildung. Unterschiede bestehen insbesondere nur in der Beschaffenheit des Oberbodens. Während die Waldböden allgemein eine durch saure Humusauflagen bedingte Oberbodenverarmung aufweisen, ist bei den Ackerflächen ein etwa 20—30 cm mächtiger Ackerhorizont vorhanden. Dieser durch landwirtschaftliche Bearbeitung geschaffene humose Horizont zeigt eine lockere Lagerung und gute Krümelstruktur, die sich durch die enge Koppelung anorganischer und organischer Substanz auszeichnet.

Die landwirtschaftlich genutzten Böden auf Auelehm und Lößlehm über Geschiebelehm wurden von der Bodenschätzung als mittlere bis gute Böden mit Bodenzahlen von 50—75 eingestuft. Die Böden auf Lößlehm über pleistozänen Sanden und Kiesen haben Bodenzahlen von 25—38.

Ergebnisse der analytischen Untersuchungen

Die Bodenanalysen wurden im Bodenlabor des VEB Geologische Erkundung Süd, Freiberg, nach folgenden Methoden durchgeführt:

Körnungsanalyse: Kombination von Naßsiebung und Pipettverfahren nach Köhn;
H-Wert-Bestimmung: Boratpuffermethode;
S-Wert-Bestimmung: nach Vageler/Alten;
$CaCO_3$-Gehalt: nach Scheibler;
organische Substanz: Naßverbrennung mit $K_2Cr_2O_7$;
Nährstoffmengen: nach Salzsäureauszug mit 10% HCl.

Die Wahl der Untersuchungsverfahren erfolgte nach dem Methodenbuch von Thun & Herrmann (1955). Als Vergleich für den Nährstoffvorrat der Deckgebirgsschichten wurden die Nährstoffgrenzzahlen von Maercker & Schneidewind für CaO, K_2O und P_2O_5 verwendet. Einige Analysenergebnisse sind in den Tab. 1—3 dargestellt.

Der Auelehm ist durch den hohen Gehalt an Rohton, Schluff und Staub charakterisiert, während die Sandfraktionen zurücktreten. Nach der Korngrößenverteilung handelt es sich hierbei um umgelagertes lößlehmartiges Material. Die chemischen Analysenergebnisse weisen eine befriedigende Sorptionskapazität (T-Wert) nach. Auffallend ist, daß der Anteil austauschbarer Erdalkali- und Alkali-Ionen (S-Wert) geringer ist als der H-Ionenbelag des Sorptionskomplexes (H-Wert). Der relativ niedrige Basensättigungsgrad zeigt die bereits nennenswerte Entbasung und Verlehmung der Ablagerungen. Die Bodenreaktion (pH-Wert) liegt im sauren Bereich. Nach dem Salzsäureauszug ist das Material normal mit CaO und K_2O versorgt, dagegen arm an P_2O_5.

Bezeichnend für den Lößlehm ist der beachtliche Schluff- und Staubgehalt. Im allgemeinen liegt eine gute Verteilung sämtlicher Fraktionen des Feinbodens vor. Auftretende Fraktionen über 2 mm Durchmesser deuten auf Umlagerungen des Materials hin. Der ausreichende Tongehalt bedingt einen noch befriedigenden T-Wert. Die Lößlehmböden der Ackerflächen sind durch mittlere Basensättigung und schwach saure bis sehr schwach saure Bodenreaktion gekennzeichnet. Hinsichtlich des nachschaffenden Nährstoffvorrates können ausreichende Mengen an CaO, K_2O und P_2O_5 nachgewiesen werden. Die günstigsten bodenchemischen Werte sind in der Ackerkrume zu verzeichnen.

Unter Waldbestockung im Bereich der Harth wurden auf Lößlehm meist Böden geringer Basensättigung und saurer bis stark saurer Bodenreaktion festgestellt. Die Nährstoffverhältnisse für CaO, K_2O und P_2O_5 sind hier unbefriedigend.

Geschiebelehm und Geschiebemergel weisen beim Vergleich der Körnungsanalysen gegenüber Lößlehm einen relativ geringeren und stark wechselnden Schluffgehalt, dagegen einen merklich höheren Anteil an Ton, Sand und Kies auf. Das Material der Moräne zeigt hinsichtlich seiner chemischen Beschaffenheit unterschiedliche Verhältnisse. Während der Geschiebelehm einen mittleren Basensättigungsgrad und eine schwach saure Bodenreaktion besitzt, zeichnet sich der Geschiebemergel auf Grund seines Karbonatgehaltes durch hohe Basensättigung und neutrale Bodenreaktion aus. Je nach seiner Ausbildung ist das Material mäßig bis reichlich mit CaO, K_2O und P_2O_5 versorgt.

Bei den pleistozänen Sanden und Kiesen herrschen im Gesamtboden die Fraktionen über 2 mm vor. Der Feinboden setzt sich hauptsächlich aus Grob- und Mittelsanden mit unterschiedlichem Feinsandanteil zusammen. Staub, Schluff und Ton treten stark zurück. Die Sorptionskapazität des Materials ist deshalb gering. Die Ablagerungen sind wenig gepuffert, so daß den Sorptionswerten und Reaktionsverhältnissen keine nennenswerte Bedeutung beizumessen ist. Die Flußschotter zeichnen sich in der Regel durch geringe Mengen an CaO, K_2O und P_2O_5 aus, nur vereinzelt liegen günstigere Werte vor.

Die Formsande sind durch einen vorherrschenden Feinsandanteil charakterisiert. Ton- und Schluffgehalt reichen aus, um eine noch zufriedenstellende Sorptionskapazität zu gewährleisten. Die pH-Werte liegen

Tab. 1. Analysenergebnisse Espenhain Profil 1

Tiefe in m	Stratigraphie	Material	pH in KCl	pH in H_2O	Sorptionsverhältnisse mval/100 g Boden H	S	T	in % V	$CaCO_3$ in %	Org. Substanz in %	10%iger HCl-Auszug in % CaO	K_2O	P_2O_5	Korngrößenzusammensetzung in mm (% Feinboden) Ton <0,002	Schluff –0,02	Staub –0,06	Feinsand –0,2	Mittelsand –0,6	Grobsand –2,0	Feinboden in % d. Gesamtbodens
0,00 – 1,00	Auelehm	Lehm bis toniger Lehm, dunkelbraun	4,3	4,9	12,8	1,5	14,3	10,5	n. g.	0,8	0,266	0,137	n. g.	32,4	38,1	13,1	12,6	2,8	1,0	99,2
– 2,00	Auelehm	Lehm bis toniger Lehm, graubraun	5,0	5,8	10,8	1,9	12,7	15,0	n. g.	0,2	0,322	0,195	n. g.	31,8	35,8	13,4	10,6	4,8	3,6	99,2
– 2,60	Flußschotter	Mittelsand, grobsandig, hell- bis dunkelbraun	5,6	6,7	2,0	0,5	2,5	20,0	n. g.	0,1	0,053	0,102	n. g.	4,7	1,8	1,8	2,0	73,0	16,7	99,3
– 4,00	Flußschotter	Kies, sandig, hellbraun	5,7	7,1	2,3	0,2	2,5	8,0	n. g.	0,2	0,049	0,050	0,056	6,3	4,0	0,8	2,0	35,5	51,4	24,5
– 4,50	Flußschotter	Grobsand, mittelsandig, schwach kiesig, ockerbraun	5,7	7,4	0,3	n. g.	0,3	–	n. g.	n. g.	n. g.	0,025	n. g.	–	–	0,2	0,2	34,9	64,7	85,7
– 6,50	Flußschotter	Kies, schwach sandig, ockerbraun	2,7	2,7	5,3	n. g.	5,3	–	n. g.	0,1	n. g.	0,020	n. g.	–	–	0,6	1,2	13,3	84,9	16,5
– 6,60	Formsand	Feinsand, schwach tonig, gelbbraun	4,8	5,2	6,0	7,0	13,0	53,8	n. g.	0,1	0,140	0,075	0,019	10,7	3,8	2,0	80,1	1,4	2,0	98,2
–12,10	grauer Meeressand	Feinsand, grau	5,5	5,7	3,0	1,4	4,4	31,8	n. g.	1,2	2,632	0,083	0,055	7,3	4,1	3,3	82,6	2,9	–	97,2
–12,30	grauer Meeressand	Mittelsand, fein- und grobsandig, schluffig, kalkhaltig, hellgrau	6,7	7,4	1,3	12,1	13,4	90,3	–	0,9	–	–	–	2,5	12,3	11,6	26,7	32,7	14,2	98,4
–17,00	grauer Meeressand	Feinsand, schluffig, schwach tonig, glimmerhaltig, dunkelgrau	6,5	7,4	2,5	15,4	17,9	86,0	n. g.	1,7	4,223	0,127	0,062	12,1	13,9	11,1	61,1	1,0	0,8	99,8
–19,30	grauer Meeressand	Feinsand, schwach schluffig-tonig, glimmerhaltig, grünlichgrau	3,3	3,8	6,5	3,8	10,3	36,9	n. g.	1,6	0,256	0,055	0,104	11,5	10,1	14,8	59,4	3,4	0,8	100,0
–31,00	brauner Meeressand	Feinsand, schwach mittelsandig, schwach tonig, kohlehaltig, schwarzgrau	2,4	2,6	18,8	n. g.	18,8	–	n. g.	5,1	0,130	0,015	n. g.	10,2	3,9	5,2	57,1	17,7	6,0	99,5
–32,05	brauner Meeressand	Mittelsand, feinsandig, kohlehaltig, dunkelgrau	3,1	3,1	2,8	n. g.	2,8	–	n. g.	5,9	0,025	0,118	n. g.	1,6	0,4	0,5	29,5	66,0	2,0	99,5
32,05	Flöz IV (Oberflöz)																			

Tab. 2. Analysenergebnisse Espenhain Profil 2

Tiefe in m	Stratigraphie	Material	pH in KCl	pH in H_2O	H	S	T	V	$CaCO_3$	Org. Substanz	CaO	K_2O	P_2O_5	Ton	Schluff	Staub	Feinsand	Mittelsand	Grobsand	Feinboden
0,00 – 0,20	Lößlehm	Lehm, feinsandig-schluffig, schwach humos, dunkelbraun	5,6	6,1	4,0	4,2	8,2	51,2	n. g.	1,6	0,336	0,113	0,078	10,5	22,3	15,5	22,0	22,4	7,2	95,5
– 1,20	Geschiebelehm	Lehm, schwach kiesig-steinig, ockerbraun	5,4	7,2	5,5	9,7	15,2	63,8	n. g.	0,1	0,231	0,180	0,058	24,4	10,9	7,1	29,3	22,8	5,5	93,8
– 4,20	Geschiebemergel	Lehm, schwach kiesig, kalkhaltig, hellgraubraun	6,3	7,2	2,0	6,9	8,9	77,5	5,0	n. g.	3,130	0,158	0,157	19,8	12,6	5,9	24,4	27,4	9,9	86,9
–10,70	Flußschotter	Kies, grob- und mittelsandig, gelbbraun	6,3	7,8	1,5	4,2	5,7	73,7	1,2	n. g.	0,920	0,095	0,154	7,9	5,5	5,3	14,3	38,7	28,3	41,8

Böhlen

Harth Schurf 7

Tiefe in m	Stratigraphie	Material	pH in KCl	pH in H_2O	H	S	T	V	$CaCO_3$	Org. Substanz	CaO	K_2O	P_2O_5	Ton	Schluff	Staub	Feinsand	Mittelsand	Grobsand	Feinboden
0,00 – 0,05	Lößlehm	Lehm, feinsandig-schluffig, schwach humos, dunkelbraun	3,6	3,8	15,0	1,6	16,6	9,6	–	3,5	0,050	0,050	–	12,6	21,5	24,4	25,0	15,2	1,3	99,2
– 0,60	Lößlehm	Lehm, feinsandig-schluffig, braun, grau-rostfleckig und -streifig	3,8	3,7	10,5	1,8	12,3	14,6	–	–	0,010	0,040	0,002	12,8	25,0	25,8	19,9	15,4	1,1	99,9
– 1,00	Geschiebelehm	Lehm, schwach kiesig, braun, grau-rostfleckig und -streifig	3,7	3,8	10,9	4,7	15,6	30,1	–	–	0,050	0,060	0,025	17,5	11,0	7,3	25,5	30,2	8,5	88,5
– 1,80	Geschiebelehm	Lehm, tonig, braun, grau-rostfleckig und -streifig	3,8	4,2	7,5	7,5	15,0	50,0	–	–	0,070	0,040	0,004	22,1	10,1	6,5	22,8	29,9	8,6	86,5

Tab. 3. Analysenergebnisse Espenhain Profil 3

Tiefe in m	Stratigraphie	Material	pH in KCl	pH in H_2O	Sorptionsverhältnisse mval/100 g Boden H	S	T	in % V	$CaCO_3$ in %	Org. Substanz in %	10%iger HCl-Auszug in % CaO	K_2O	P_2O_5	Korngrößenzusammensetzung in mm (% Feinboden) Ton <0,002	Schluff −0,02	Staub −0,06	Feinsand −0,2	Mittelsand −0,6	Grobsand −2,0	Feinboden in % d. Gesamtbodens
0,00 – 0,20	Lößlehm	Lehm, feinsandig-schluffig, humos, dunkelbraun	6,3	7,5	4,5	5,3	9,8	54,1	n. g.	2,0	0,627	0,152	0,331	11,8	25,5	22,3	19,0	17,9	3,5	96,1
– 0,50	Lößlehm	Lehm, sandig-schluffig, schwach kiesig, braun	5,8	7,4	3,5	2,6	6,1	42,6	n. g.	0,5	0,206	0,130	0,090	14,9	29,8	17,8	17,7	16,0	3,9	93,7
– 2,40	Geschiebelehm	Lehm, schwach kiesig, ockerbraun	6,3	7,1	5,0	3,8	8,8	43,2	n. g.	n. g.	0,262	0,173	0,094	21,3	13,7	8,9	31,4	21,1	3,6	93,5
– 4,20	Geschiebemergel	Lehm, schwach kiesig, kalkhaltig, hellgraubraun	7,2	7,8	2,0	6,7	8,7	77,0	9,1	n. g.	5,080	0,075	0,320	14,1	21,5	7,8	27,6	23,1	5,9	97,1
– 6,60	Flußschotter	Grob- und Mittelsand, stark kiesig, graubraun	7,2	8,7	–	–	–	–	–	–	0,053	0,025	0,218	–	–	1,8	3,8	40,2	54,2	50,5
– 9,00	Formsand	Feinsand, gelbbraun	6,6	7,7	2,8	4,5	7,3	61,6	n. g.	n. g.	0,182	0,085	–	6,5	4,1	1,6	86,6	1,2	–	98,1
–21,00	grauer Meeressand	Feinsand, glimmerhaltig, grau	6,2	6,9	3,8	3,8	7,6	50,0	n. g.	1,3	1,810	0,145	0,346	6,5	5,4	6,0	81,1	1,0	–	97,4
–24,60	grauer Meeressand	Feinsand, schwach schluffig-tonig, glimmerhaltig, grünlichgrau	6,7	7,2	4,0	2,9	6,9	42,0	n. g.	1,3	1,780	0,145	0,139	11,8	9,9	6,5	70,5	1,4	–	98,7
–32,00	brauner Meeressand	Feinsand, schwach schluffig, kohlehaltig, schwarzgrau-streifig	3,3	3,5	14,8	4,6	19,4	23,8	n. g.	n. g.	0,368	0,110	0,131	3,8	9,0	9,6	74,7	2,9	–	96,7
–34,20	brauner Meeressand	Fein- und Mittelsand, kohlehaltig, dunkelgrau	3,1	3,4	10,3	0,7	11,0	6,4	n. g.	4,1	0,199	0,012	0,128	6,3	3,8	0,8	35,7	50,4	3,0	98,0
34,20	Flöz IV (Oberflöz)																			

vorwiegend im sehr schwach sauren, der Basensättigungsgrad im mittleren Bereich. Nach dem Salzsäureauszug zeigt das Material einen normalen CaO- und einen mäßigen K_2O-Gehalt; das Nährstoffpotential an P_2O_5 ist gering.

Die grauen Meeressande setzen sich nach der Körnungsanalyse vorwiegend aus Feinsanden zusammen. In den unteren Schichten sind nennenswerte Anteile an Ton, Schluff und Staub zu finden. Die chemischen Werte werden wesentlich von der Kalk- und Phosphoritführung des Materials bestimmt. Mit dem Wechsel der Schichten sind niedrige bis hohe Basensättigungsgrade und stark saure bis neutrale Bodenreaktionen vorhanden. Der wechselnde Chemismus spiegelt sich auch in den stark schwankenden Nährstoffmengen an CaO, K_2O und P_2O_5 wider.

Die braunen Meeressande sind in der Körnung indifferent. Teils haben sie die gleiche Kornverteilung wie die grauen Meeressande, teils sind bereits höhere Anteile an Mittelsand zu verzeichnen. Dies trifft vor allem für die Ablagerungen unmittelbar über dem Oberflöz zu. Der Gehalt kohliger Substanz wird durch die Analyse nachgewiesen. Die ungünstige chemische Beschaffenheit kommt bereits in den niedrigen pH-Werten zum Ausdruck, die fast alle extrem saure Bodenreaktion anzeigen. Die Sorptionskapazität ist durch Kohlebeimengungen, die als Sorptionsträger wirken können, noch zufriedenstellend. Der Anteil austauschbarer Basen und der Basensättigungsgrad sind gering. Durchgeführte Einzelbestimmungen ergaben einen Gesamtschwefelgehalt bis zu 2,47%. Dieser liegt zum überwiegenden Teil in sulfidisch gebundener Form vor und bildet neben dem Kohlegehalt das Säurepotential des Materials. Nach dem Salzsäureauszug sind die braunen Meeressande unbefriedigend bis normal mit CaO, K_2O und P_2O_5 versorgt.

Bewertung der Deckgebirgsschichten

Der Auelehm als tiefgründig verwittertes Bodenmaterial ist auf Grund seiner bodenphysikalischen und -chemischen Beschaffenheit für die Rekultivierung geeignet. Durch Kalk-, Phosphorsäure- und Gründüngung kann eine Strukturverbesserung und Belebung des Lehmes erreicht werden.

Beim Lößlehm liegen, mit Ausnahme der Flächen unter Waldbestockung, zufriedenstellende bodenphysikalische und -chemische Verhältnisse vor, so daß bereits geringe Kalk- und Nährstoffgaben zur Erhaltung und Steigerung der Bodenfruchtbarkeit ausreichen. Der Lößlehm, insbesondere die auf ihm ausgebildete Ackerkrume, eignet sich zur Herstellung landwirtschaftlicher Nutzflächen.

Geschiebelehm und Geschiebemergel weisen infolge unterschiedlicher Kornzusammensetzung wechselnde bodenphysikalische Eigenschaften auf. Mit zunehmendem Rohtongehalt neigt das Material zur Dichtlagerung und Verschlämmung. Dagegen zeichnet es sich durch hohen Basenreichtum und gute Nährstoffnachlieferung aus und ist daher als landwirtschaftlich nutzbares Kulturbodenmaterial zu bewerten.

Die pleistozänen Sande und Kiese besitzen auf Grund ihres hohen Grobbodenanteiles eine geringe wasser-

und nährstoffhaltende Kraft. Sie sind, soweit der Kiesanteil nicht überwiegt, bedingt forstlich nutzbar.

Die Formsande und der weitaus größte Teil der ihnen bodenphysikalisch und -chemisch entsprechenden grauen Meeressande lassen eine forstliche Nutzung zu. Für die Rekultivierung mit anspruchsvolleren Pflanzen eignen sich durchaus Schichten der grauen Meeressande, die kalkführend sind und Phosphoritknollen enthalten.

Die braunen Meeressande neigen bei oberflächlicher Verkippung infolge ihres Kohle- und Sulfidschwefelgehaltes zur anhaltenden Säureproduktion. Der vorhandene Vorrat an Basen reicht nicht aus, die Neutralisation der sich bildenden Säuren zu sichern. Der Gehalt an kohliger Substanz bewirkt weiterhin den Benetzungswiderstand des Materials. Die aufgeführten Faktoren entfalten Wechselwirkungen. Die braunen Meeressande sind daher für eine Rekultivierung völlig ungeeignet und als kulturfeindlich anzusehen.

Hinweise für eine zweckmäßige Verkippung des Deckgebirgsmaterials und Schlußfolgerungen

Feldaufnahmen und physikalisch-chemische Untersuchungen zeigen, daß für die Rekultivierung in erster Linie Material des pleistozänen Deckgebirges in Frage kommt. Das selektive Aushalten der Formsande und bestimmter kulturfreundlicher Schichten der grauen Meeressande ist technisch schwer durchführbar und ohne ständige fachliche Aufsicht nicht möglich. Es muß auf alle Fälle vermieden werden, kulturfeindliche braune Meeressande auf die Kippenoberfläche zu bringen. Dies trifft ebenso für die Flözmittel zu. Sie vermögen, auch wenn sie mit karbonat- und nährstoffreichem pleistozänem Material oberflächlich verkippt werden, dessen Kulturbodenwert wesentlich zu verschlechtern. Untersuchungen an Kippen im Raum Espenhain (RAU 1956) ergaben, daß pleistozän-tertiäres Mischmaterial den Kulturpflanzen keine geeigneten Lebensbedingungen bietet.

Voraussetzung für leistungsfähige Kippenflächen ist ein Kulturbodenauftrag von mindestens 1 m Mächtigkeit. Damit ist der Pflanze ausreichend Möglichkeit zur Wurzelentfaltung und Nährstoffaufnahme geboten, was besonders dann ausschlaggebend ist, wenn das unterlagernde Material phytotoxische Wirkungen aufweist. Das Material des Kippenüberzuges soll bevorzugt aus Auelehm, Lößlehm und Geschiebelehm bzw. -mergel bestehen.

Es ergeben sich folgende zweckmäßige Gewinnungsmöglichkeiten von Kulturbodenmaterial:

a) Gewinnung des Auelehmes in voller Mächtigkeit.

b) Gewinnung des Lößlehmes und des Geschiebelehmes in einem Vorschnitt bis etwa 2 m Tiefe.

c) Gewinnung der gesamten Lehmdecke. Hierbei könnte vor allem der karbonat- und nährstoffreiche Geschiebemergel genutzt werden. Dabei sind die lokal ungünstigen bodenphysikalischen Eigenschaften in Erwägung zu ziehen. Es wird deshalb die Beimengung von etwa 10—15% Sanden und Kiesen empfohlen.

Bei landwirtschaftlich zu nutzenden Kippenflächen werden anfangs die Bodenzahlen gegenüber denen der gewachsenen Böden infolge Fehlens der fruchtbaren Ackerkrume niedriger liegen. Durch intensive Bearbeitung des Kulturbodens, insbesondere Düngung und humusmehrende Fruchtfolgen, ist im Laufe der Zeit eine Steigerung der Fruchtbarkeit zu erzielen.

Es bleibt die Frage offen, inwieweit das im Vorschnitt gewonnene obere pleistozäne Material unter Waldbestockung nach seiner Verkippung für die nachhaltige landwirtschaftliche Produktion geeignet ist. Die Untersuchungen zeigen, daß die Waldböden gegenüber den Ackerböden im allgemeinen gleiche physikalische Beschaffenheit, dagegen ungünstigere chemische Eigenschaften besitzen. Die Melioration der im Tagebauvorschnitt gewonnenen Waldböden gewährleistet in begrenztem Maße eine spätere landwirtschaftliche Nutzung. Darauf deuten bereits die auf den Kippenflächen Gröba—Wintersdorf vorliegenden positiven Anfangsergebnisse hin (WÜNSCHE & PANTEL 1959).

Abschließend wird festgestellt, daß in den Vorfeldern Böhlen und Espenhain ausreichend kulturwürdige Abraumschichten vorliegen. Unter den gegebenen standörtlichen Bedingungen des Untersuchungsgebietes sind seitens des bergbautreibenden Betriebes in erster Linie für die Landwirtschaft brauchbare Kippenflächen zu hinterlassen. Bei der Rekultivierung sollte jedoch nicht auf Waldbegrünungsstreifen verzichtet werden. Ihre Anlage ist den Bodenverhältnissen anzupassen. Die Bedeutung dieser Waldstreifen liegt in der Schaffung der Windruhe auf der gesamten Kulturfläche. Somit könnte bis zu einem gewissen Grade eine weitere Steigerung der Pflanzenerträge erzielt werden.

Über die standortsgerechte Nutzung der wiederurbar gemachten Flächen und deren zweckmäßige Einbeziehung in das Landschaftsbild entscheidet in letzter Instanz die Landschaftsplanung.

Zusammenfassung

Das Deckgebirge über dem Oberflöz im Vorfeld Böhlen—Espenhain setzt sich aus mächtigen tertiären und pleistozänen Ablagerungen zusammen, die im Bereich der Pleißeaue von holozänen Flußablagerungen abgeschlossen werden. Die pleistozänen und holozänen Lehme sind zur Herstellung leistungsfähiger, landwirtschaftlich nutzbarer Kippenflächen geeignet. Ausgesprochen kulturfeindliche Eigenschaften haben dagegen die braunen Meeressande.

Резюме

Покровные отложения над верхним пластом в предполье Белен — Эспенхайн сложены мощными третичными и плейстоценовыми отложениями, которые в пределах пойменной равнины р. Плейссе заканчиваются голоценовыми речными отложениями. Плейстоценовые и голоценовые суглинки пригодны для приготовления производительных отвальных площадей, освоение которых сельским хозяйством возможно. Бурые морские пески, напротив, обладают свойствами резко враждебными рекультивированию.

Summary

The overburden above the upper seam in the Böhlen—Espenhain forefield is composed of thick Tertiary and Pleistocene deposits, which in the area of the Pleiße meadow are terminated by Holocene river deposits. The Pleistocene and Holocene loams are suited for the preparation of productive agricultural tip areas, whereas properties pronouncedly hostile towards cultivation are shown by the brown sea sands.

Literatur

ENGERT, L.: Stratigraphische und paläontologische Untersuchungen in den tertiären Hangendschichten der Braunkohle des Tagebaues Böhlen bei Leipzig. — Unveröff. Diplomarbeit, Geol. Inst. d. Univ. Halle, 1957.

ENGERT, P.: Der praetertiäre Untergrund von NW-Sachsen und seine Tektonik. – Ber. geol. Ges. DDR, 2, H. 3 (1957).

HOHL, R.: Die Braunkohlenerkundung in Nordwestsachsen. – Z. angew. Geol., 4, 1 (1958).

MEYER, G.: Der Einfluß der geologischen Strukturen im Meuselwitz–Bornaer Braunkohlenrevier auf Planung und Abbau. – Freiberger Forsch.-H. 1, 1951.

PIETZSCH, K.: Abriß der Geologie von Sachsen. – 2. Aufl., Verlag Volk und Wissen, Berlin 1956.

– Geologie von Sachsen. – 1. Aufl., VEB Deutscher Verlag der Wissenschaften, Berlin 1962.

RAU, D.: Gutachten über die Nutzungsmöglichkeiten verschiedener im Bereich des VEB Kombinat Espenhain gelegener Flächen. – Unveröff., Archiv VEB Geol. Erkundung West, Jena 1956.

SCHULTZE, J. H.: Die naturbedingten Landschaften der Deutschen Demokratischen Republik. – 1. Aufl., VEB Geographisch-Kartographische Anstalt, Gotha 1955.

THUN, R. & R. HERRMANN: Die Untersuchung von Böden, Bd. 1. – 3. Aufl. (bearb. v. E. KNICKMANN), Neumann-Verlag, Radebeul–Berlin 1955.

WÜNSCHE, M.: Über die Deckgebirgsverhältnisse und Rekultivierungsmöglichkeiten im Vorfeld des Braunkohlentagebaues Böhlen. – Unveröff., Archiv VEB Geol. Erkundung Süd, Freiberg 1959/1960.

WÜNSCHE, M. & W.-D. OEHME: Bodengeologisches Gutachten über die Deckgebirgsverhältnisse und Rekultivierungsmöglichkeiten im Vorfeld des Braunkohlentagebaues Espenhain. – Unveröff., Archiv VEB Geol. Erkundung Süd, Freiberg 1961.

WÜNSCHE, M. & H. PANTEL: Bodengeologisches Gutachten über die Ergebnisse der Rekultivierung der Kippe Gröba. – Unveröff., Archiv VEB Geol. Erkundung Süd, Freiberg 1959.

Der geologische Bau des Großpolnischen Beckens[1]

KAZIMIERZ MROZEK

In den letzten Jahren ist der laramische Bau des Großpolnischen Beckens präzisiert und kartographisch dargestellt worden (Z. S. RÓŻYCKI 1952, W. POŻARYSKI & E. RÜHLE 1955). Der Terminus „Großpolnisches Bekken" wurde von den Geologen der Erdölindustrie für die Gebiete Polens eingeführt, die nördlich vom Äquivalent der äußersten Grenzen der nördlichen Falten des Paläozoikums der Góry Świętokrzyskie (Heiligkreuzgebirge) und westlich des Randes der Osteuropäischen Tafel liegen (Z. OBUCHOWICZ, Z. OLEWICZ, A. TOKARSKI & ST. WDOWIARZ 1959). Es setzt sich zusammen aus der Vorsudetischen Monokline, dem Synklinorium von Miechów–Łódź–Szczecin und dem Kujawisch-Pommerischen Antiklinorium[2]). Nordöstlich der zuletzt genannten Einheit verläuft – mit unterschiedlichen strukturellen Merkmalen – der Rand der Osteuropäischen Tafel.

Der Fortschritt der wissenschaftlichen Untersuchungen und der Sucharbeiten führte dazu, daß bereits im Jahre 1959 das scheinbar moderne Bild über den geologischen Bau Polens weiteren Änderungen unterzogen wurde. Diese sehr grundlegenden Änderungen beruhen auf einer erneuten strukturellen Verknüpfung der Einheiten höherer Ordnung, die vorher scharf voneinander abgegrenzt waren. Zu dieser Verknüpfung kam es im Ergebnis der Verfolgung mehrerer sekundärer struktureller Elemente, vor allem im Gebiet des Synklinoriums von Miechów–Łódź–Szczecin sowie des Kujawisch-Pommerischen Antiklinoriums.

Die sekundären strukturellen Elemente des Synklinoriums von Miechów–Łódź–Szczecin

Die durchgeführten Sucharbeiten, die den Komplex der geophysikalischen Untersuchungen, die Gravimetrie und die Seismik (die Geophysiker, vor allem die Seismiker, haben wesentlichen Anteil an den neuesten Erkenntnissen über den unterirdischen geologischen Bau Polens), sowie die geologischen Bohrungen und die Such- und Strukturbohrungen umfassen, lieferten reichhaltiges Material, das es ermöglichte, den geologischen Bau des Synklinoriums von Miechów–Łódź–Szczecin darzustellen (Abb.).

Diese in die Abschnitte von Miechów, Łódź und Szczecin unterteilte Einheit wurde früher als eine flache, mit Kreideablagerungen ausgefüllte Mulde dargestellt (M. KSIĄŻKIEWICZ & J. SAMSONOWICZ 1953). Die neuen Untersuchungsergebnisse deuten aber auf einen gestörten und stark komplizierten Bau hin.

Allgemein ausgedrückt, zeichnet sich diese synklinale Form durch eine ausgesprochene Asymmetrie aus. Der südwestliche Flügel ist ganz sanft und erhebt sich monoklinal zu den Ausbissen des Juras, die den Rand der Vorsudetischen Monokline bilden. Das Einfallen, das im Bereiche dieses Flügels auf Grund der Interpretation der seismischen Profile Kłodawa–Turek–Kalisz und Mogilno–Środa festgestellt worden ist, beträgt 1–3°[3]).

Der nordöstliche Flügel zeigt einen vollkommen anderen Charakter; er ist steil und gestört, was in engem Zusammenhang mit dem herausgehobenen kujawisch-pommerischen Element steht. Das sich in diesem Flügel in den seismischen Profilen (Mogilno–Zalesie und Pagórki–Janiszewo) abzeichnende Einfallen liegt im Bereich von 15–25°[4]). In den in Nachbarschaft von Salzdomen (Kłodawa, Inowrocław) gelegenen Abschnitten ist das Einfallen noch steiler (J. POBORSKI 1957).

In Verbindung mit dem deutlich asymmetrischen Bau des Synklinoriums beobachtet man eine Verschiebung seiner Hauptachse im Bereich der Schichten des Oberen Malms und der Kreideablagerungen in nordöstlicher Richtung, d. h. in Richtung zum Antiklinorium. Die größte Mächtigkeit der Ablagerungen der Oberen Kreide (2500 m) wie auch der Unteren Kreide (400–500 m) kann man im östlichen Teil des Synklinoriums von Łódź zwischen Gopło und Mogilno sowie im Bezirk Koło annehmen.

Parallel zu diesen Mächtigkeitsänderungen vervollständigt sich das stratigraphische Profil des Oberen Juras und der Unteren Kreide, und zwar befindet sich nahe dem Antiklinorium eine vollständige Folge dieser Ablagerungen mit einem Übergang vom Purbeck zum Valendis, während sich nach Südwesten hin, in Richtung auf die Vorsudetische Monokline, eine stratigraphische Lücke in diesem Profil bis zum Übergreifen der Alb-Schichten auf die Ablagerungen des Kimmeridge erweitert.

Ein Charakteristikum für die behandelte synklinale Form ist das Auftreten sekundärer antiklinaler Auf-

[1]) Aus: „Nafta", Nr. 1, 1960. – Übers.: W. ZEHREIS, fachlich bearbeitet: H. KÖLBEL.

[2]) Das polnische „pomorze" entspricht dem deutschen Wort Pommern, greift aber im polnischen Sinne gebietsmäßig darüber hinaus und wird in diesem Artikel als geologische Bezeichnung für die küstennahen NW-Gebiete Polens verwandt.

[3]) Das seismische Profil Kłodawa–Turek–Kalisz wurde in den Jahren 1952 bis 1957 unter der Leitung von A. TOPPORZER, M. BAL und Z. WIŚNIEWSKI, das seismische Profil Mogilno–Środa im Jahre 1958 unter der Leitung von M. MADEJ ausgeführt.

[4]) Das seismische Profil Mogilno–Zalesie wurde im Jahre 1956 unter der Leitung von M. MADEJ ausgeführt und im Jahre 1958 durch A. KISŁOW auf den neuesten Stand gebracht; das seismische Profil Pagórki–Janiszewo wurde dagegen im Jahre 1957 unter der Leitung von Z. WIŚNIEWSKI ausgeführt.

ragungen in ihr; dies bewog dazu, dieses Element höherer Ordnung als Synklinorium von Miechów—Łódź—Szczecin zu bezeichnen.

Im Abschnitt von Łódź des Synklinoriums wie an seinen südöstlichen und nordwestlichen Rändern wurden in den Jahren 1952 bis 1958, vor allem aber 1955 bis 1958, durch geophysikalische Vermessungen und durch Bohrungen zahlreiche Strukturen aufgesucht und untersucht. Es sind dies, außer dem bekannten „Riegel" von Kodrąb und dem Salzdom von Wapno, die Antiklinen von Turek, Ponętów, Gopło, Strzelno, Trzemżal, Mogilno und Rogoźno sowie der charakteristische Jura-„Riegel" von Poznań—Ciszkowo. Außerdem wurden durch einzelne Profile bzw. durch ein weitmaschiges Profilnetz antiklinale Aufragungen mesozoischer Schichten in dem nördlich und nordöstlich von Poznań gelegenen Gebiet, d. h. in den Bezirken Kłecko, Damasławek, Wągrowiec, Janowiec und Pobiedziska, angezeigt. Im Jahre 1959 wurden dann im südwestlichen Teil des Abschnittes von Łódź des Synklinoriums zwei Aufragungszonen gefunden, und zwar die von Mierzyn und Piotrków.

Im Abschnitt von Szczecin des Synklinoriums stellte man durch eine Tiefbohrung den „unreifen" Salzdom von Drawno fest. Außerdem tritt hier der Dom von Człopa auf, der auf Grund der gegenwärtigen Interpretation der gravimetrischen und seismischen Unterlagen dem Salzdom von Drawno zu gleichen scheint. Weiter nach Norden zu, an der westlichen Flanke des pommerischen Abschnitts des Antiklinoriums, wurden zwischen Ińsko und Nowogard in den Kreideablagerungen einige kleinere Strukturen registriert. Besondere Aufmerksamkeit verdient hier die weitausgedehnte Antikline von Stargard.

Im Grenzgebiet der Abschnitte von Miechów und Łódź des Synklinoriums, das durch eine Änderung der Richtung von SE nach SSE und durch eine deutliche Verschmälerung charakterisiert ist, liegt der aus der Literatur bekannte „Riegel" von Kodrąb bzw. Radomsko (J. SAMSONOWICZ 1948, A. ŁUNIEWSKI 1947, A. TOKARSKI 1958, J. STRZETELSKI 1955). Dieser Riegel, der besonders im südlichen Teil, in dem die beiden Synklinalen von Chełm und Smotryszów auftreten (H. ŚWIDZIŃSKI 1935), einen sehr komplizierten Bau aufweist, verlängert sich nach unvollständigen seismischen Unterlagen wahrscheinlich nicht in nordwestlicher Richtung parallel zur Hauptachse des südöstlichen Abschnitts des Synklinoriums. Die Linien lokaler Schwerkraftmaxima in der Fassung von ST. PAWŁOWSKI (1953) deuten auf ein wahrscheinliches Abdrehen der Antiklinalachsen nach WNW und sprechen für das Vorhandensein einer vermuteten Verbindung des Riegels von Kodrąb (unter der Kreidebedeckung) im Bezirk von Szczerców mit der hier sichtbaren konvexen Biegung der Juraausbisse der Vorsudetischen Monokline.

Nördlich und nordöstlich vom Riegel von Kodrąb sind durch seismische Untersuchungen zwei strukturelle Hebungslinien festgestellt worden, die mit der allgemeinen Richtung des Synklinoriums übereinstimmen — die Achsen der Erhebungen von Mierzyn und Piotrków. Ihrem Verlauf nach lassen sie im Bereich der subtertiären Ausbisse der Kreideablagerungen die nordwestliche Verlängerung zweier breiter und komplizierter antiklinaler Elemente der Umrandung der Góry Świętokrzyskie (Heiligkreuzgebirge) erkennen, nämlich der Antiklinen von Sulejów und Przedborz. Die Achse der Antikline von Przedborz kann eine Verlängerung nach NW in der durch die Seismik angezeigten Erhebung von Mierzyn und anschließend von Uniejów haben; die Achse von Piotrków könnte sich in der Erhebung von Ponętów verlängern. Diese geht mit geringen „Unterbrechungen" in die seismisch und durch Bohrungen gut untersuchte Antikline von Gopło über (J. SOKOŁOWSKI 1957). Alle drei Formen sind wahrscheinlich in Kreideablagerungen eingehüllt.

Die auf dem beschriebenen Strukturzug angeordnete Antikline von Gopło, die mit geringer Unterbrechung wieder nach Norden abdreht, verläuft in Richtung der Domstruktur von Inowrocław, die bereits im Bereich des Antiklinoriums liegt.

Die Struktur Turek, eine Kuppel mit Kreidebedekkung im Scheitel, die im Zentrum des Synklinoriums von Łódź liegt, zeigt eine nach Westen hin abweichende Richtung. In ihrem weiteren Verlaufe, außerhalb ihres Hauptabschlusses, der Isobathe des vereinbarten seismischen Horizontes, scheint sie sich erneut in Richtung des gekrümmten Verlaufs der Juraschichten im Gebiet von Środa und Pyzdry zu erheben.

Westlich vom nördlichen Teil der Antikline von Gopło und der kleinen tieferen Struktur Strzelno befindet sich in einer Entfernung von 25 km die große, komplizierte Antikline von Mogilno. Sie ist unter der Tertiärbasis aus Jura- und Keuperablagerungen aufgebaut, die im Scheitelteil der Struktur von einem Salzdom durchbrochen sind (K. MROZEK & K. SOJKA 1957, J. STEMULAK & J. SOKOŁOWSKI 1957, A. TOKARSKI 1958). Diese Antikline verläuft deutlich nach Nordwesten, wo in ihrer Verlängerung seismisch die Erhebung von Damasławek, nach der von M. MADEJ und K. SOJKA durchgeführten Interpretation der Refraktionsmessungen ebenfalls mit einem Durchbruch von Zechsteinsalz im Kern, entdeckt worden ist. In dem gleichen Strukturzuge, in Richtung nach NW, trifft die erwähnte Achse der vorigen Kulmination auf den aus der Literatur bekannten Salzdom von Wapno. Noch weiter in der gleichen Richtung zeigt die geologische Interpretation des seismischen Profils Wągrowiec—Kcynia, daß diese Achse in den Bereich des Hauptelements Krajenka—Świdwin des Pommerischen Antiklinoriums hineinzieht.

Parallel zur Strukturzone Mogilno—Wapno verläuft an ihrer südwestlichen Seite noch eine Strukturachse von der Kreidekuppel von Trzemżal aus durch die von der Seismik angezeigten Erhebungen von Kłecko, Janowiec und Wągrowiec.

Erwähnt werden muß, daß das regionale seismische Profil Mogilno—Środa das Fehlen einer antiklinalen Verbindung auswies.

Die Zone der Strukturen Trzemżal, Kłecko, Janowiec und Wągrowiec verläuft nach NW. Nach der geologischen Interpretation des seismischen Materials führt ihre Achse in die südwestliche Erhebung des Pommerischen Antiklinoriums, die von Piła und Kamień Pomorski.

Westlich von Gniezno wurden im Bezirk von Pobiedziska seismisch zwei flache Kreideerhebungen registriert, deren Form und Richtung nicht näher bestimmt werden konnten; sie weichen wahrscheinlich nach Westen ab.

Seismisch und durch Bohrungen ist die große Struktur von Rogoźno (bei Poznań) festgestellt worden, die deutlich nach NW verläuft und an der Tertiärbasis Malmablagerungen aufweist (J. STEMULAK 1959). Südwestlich von ihr, im Riegel von Poznań, gehen Juraschichten von den Ausbissen der Vorsudetischen Monokline aus, die sich hier stark nach Westen dreht. Die Juraschichten, die den Scheitel des „Riegels" bilden, verlaufen in einem Bereich von 60 km, d. h. von Poznań bis Ciszkowo, in nordwestlicher Richtung und tauchen dann unter die Kreideablagerungen. Auf diese Weise nähern sich die Juraschichten mit ihren subtertiären Ausbissen bis auf 20 km der südwestlichen Flanke des pommerischen Teils des Antiklinoriums. Auf eine so schmale Zone sind dann die Kreideausbisse des Abschnittes von Łódź des Synklinoriums bei ihrem Übergang in den Abschnitt von Szczecin beschränkt.

Im Abschnitt von Szczecin läßt sich in den Kreideablagerungen die strukturelle Verlängerung des „Riegels" von Poznań in der Erhebung von Człopa und Drawno sowie in vier kleineren Strukturen im Gebiet von Ińsko—Nowogard beobachten. Die nördlichsten dieser Strukturen liegen 5 km von der südwestlichen Flanke des Antiklinoriums entfernt. Erwähnt werden muß noch, daß man in Drawno durch eine Tiefbohrung einen „unreifen" Salzdom festgestellt hat, der in Człopa durch Gravimetrie und Seismik angezeigt wird. Südwestlich von dem beschriebenen Strukturzug ist im Abschnitt von Szczecin des Synklinoriums durch Gravimetrie und Seismik in den Kreideablagerungen die ausgedehnte antiklinale Struktur von Stargard festgestellt worden. Die Achse dieser Struktur verläuft in nordwestlicher Richtung und ist vielleicht entsprechend der Ansicht von W. POŻARYSKI (1957) die südöstliche Verlängerung des Grimmener Walles aus dem Gebiet der Deutschen Demokratischen Republik. Nach Südosten setzt sich die Achse der Struktur Stargard wahrscheinlich in einer Entfernung von 20 km in einer getrennten kleineren Erhebung fort.

Das Kujawisch-Pommerische Antiklinorium

Die Ergebnisse der bisher von Mitarbeitern des Geologischen Instituts und der Erdölindustrie durchgeführten Untersuchungen haben zwei antiklinale Hauptformen im pommerischen Abschnitt des Antiklinoriums, die von Kamień Pomorski—Piła und die von Kołobrzeg—Świdwin—Krajenka, nachgewiesen (R. DADLEZ 1958, R. DADLEZ & J. DEMBOWSKA 1959). Diese beiden herausgehobenen Elemente tauchen allmählich in südöstlicher Richtung ein. Wie aus der geologischen Interpretation der seismischen Arbeiten aus dem Jahre 1959 hervorgeht, zeichnen sie sich durch ein kulissenförmiges Auftreten der Ausbisse der Juraablagerungen in der Kontur des Antiklinoriums im Bezirk von Kcynia und nördlich von Wągrowiec ab. Weiter südöstlich findet man eine Verlängerung dieser Elemente schon im Gebiet des Abschnittes von Łódź des Synklinoriums. Die Verlängerung der antiklinalen Hauptform von Kamień Pomorski—Piła ist der Strukturzug Wapno—Mogilno, die der antiklinalen Hauptform von Kołobrzeg—Świdwin—Krajenka der Strukturzug Wągrowiec—Trzemżal.

Die Achse des folgenden, in der Reihenfolge dritten, sekundären Elements des pommerischen Abschnittes des Antiklinoriums wurde zuletzt durch R. OSIKA (1958) und J. DEMBOWSKA (1957) auf der Linie Więcbork—Szubin—Zalesie festgelegt. Diese Strukturform verläuft nicht mehr wie die beiden vorhergehenden in der allgemeinen Richtung des Antiklinoriums, sondern dreht nach Norden ab. Sie erstreckt sich wahrscheinlich über den Bereich des Antiklinoriums hinaus im Gebiet der nach Nordosten ausgebogenen Ausbisse der Schichten dieses Elements im Bezirk südlich von Chojnice. Vielleicht ver-

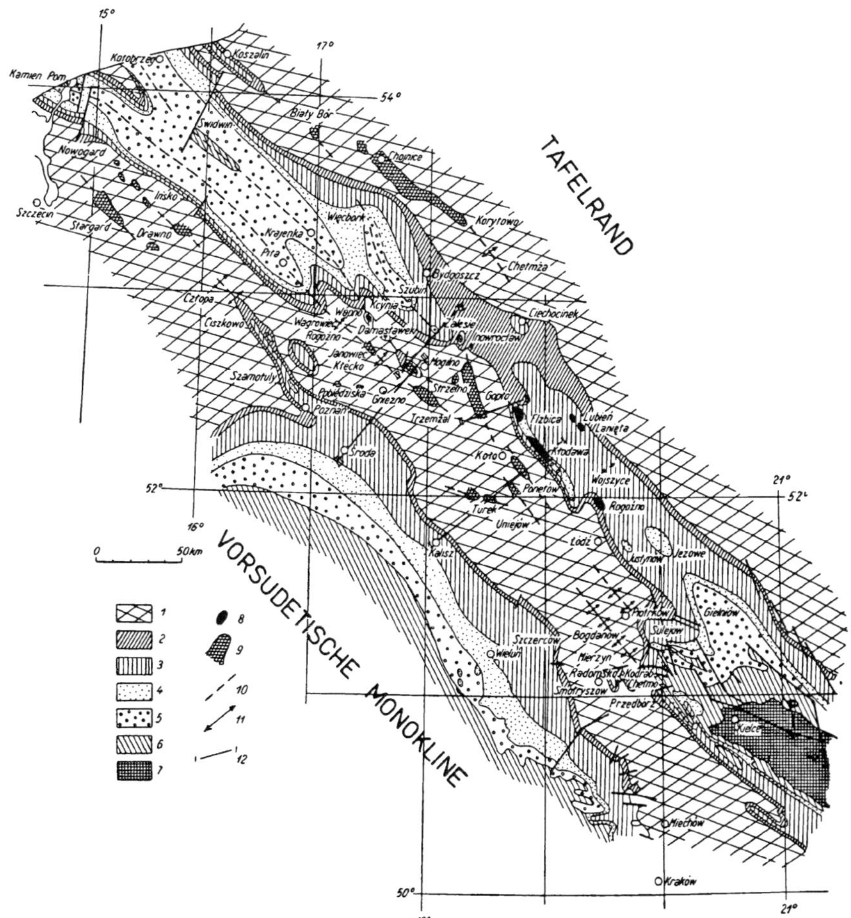

Geologische Skizze des Großpolnischen Beckens

1 — Obere Kreide; 2 — Untere Kreide; 3 — Malm; 4 — Dogger; 5 — Lias; 6 — Trias; 7 — Paläozoikum; 8 — Salzdome; 9 — Strukturen; 10 — Achsen der strukturellen Erhebungen; 11 — antiklinale Aufragungen, durch seismische Profile registriert; 12 — Linien der seismischen Profile (Profile s. Original, S. 6—7)

längert sich diese Achse nach NW in Richtung auf die Aufragung von Koszalin; denn diese bildet — nach den Ergebnissen der seismischen Arbeiten in Biały Bor — nicht die Verlängerung der Antikline von Chojnice.

Im Element Więcbork—Szubin—Zalesie, das sich weit nach SE erstreckt, werden bei Inowrocław die periklinalen subtertiären Ausbisse der Ablagerungen des Oberen Juras abgeschlossen. Sie bilden hier die nächste Kulisse der südwestlichen Kontur des Antiklinoriums. Es wäre dies bereits die dritte Kulisse, die in den Abschnitt von Łódź des Synklinoriums eintaucht, jedoch in etwas anderer Form als die übrigen beiden; denn bis jetzt wurde noch keine strukturelle Verlängerung dieser Kulisse im Bereich der Kreideschichten des Synklinoriums festgestellt.

Der Mittelabschnitt des Antiklinoriums, der zwischen dessen pommerischem und kujawischem Abschnitt liegt, ist im Verhältnis zu diesen abgesenkt und durch eine breite Zone von Ausbissen der Ablagerungen der Unteren Kreide an der Basis des Miozäns ausgezeichnet. Der in bezug auf die Achse Więcbork—Szubin—Zalesie schräge Verlauf ist der W—E-Richtung angenähert und kann hier durch die allgemeine kulissenhafte Ablösung zwischen den beiden Hauptabschnitten der Achse des Antiklinoriums hervorgerufen sein.

Im nordöstlichen Teil der erwähnten Senkung des Antiklinoriums tritt die sekundäre Erhebung von Ciechocinek auf, die sich durch subquartäre Ausbisse der Kalksteine des Oberen Juras auszeichnet. Diese Erhebung hat wahrscheinlich in südöstlicher Richtung eine Verbindung mit dem kujawischen Abschnitt des Antiklinoriums. Ihre nordwestliche Verlängerung bildet dagegen die lange und schmale Struktur Korytowo—Chojnice. Ein vermittelndes Element zwischen beiden kann die durch das seismische Profil angezeigte Aufragung in der Nähe von Chełmża sein. Bei einem solchen strukturellen Bau würden die großen Hauptelemente des Antiklinoriums, das kujawische und das pommerische, nicht unmittelbar in Verbindung stehen, sondern kulissenhaft wechseln.

Der kujawische Abschnitt des Antiklinoriums dreht schon deutlich nach SE ab und verläuft in Richtung auf den Sattel von Gielniów in der Umrandung der Góry Świętokrzyskie (Heiligkreuzgebirge). In diesem Abschnitt des Antiklinoriums treten allgemein zwei Antiklinalzonen hervor. Die eine wird durch den Zug der Salzdome von Izbica, Kłodawa und Rogoźno und den vermuteten Dom von Justynów, die zweite durch die Salzdome von Lubień und Łanięta sowie anschließend durch die Strukturen Wojszyce und Jeżowe bestimmt. Vom südwestlichen Antiklinalzug von Kłodawa geht eine getrennte Abzweigung des Antiklinoriums ab, die im Abschnitt von Łódź des Synklinoriums in das Gebiet nordwestlich der Stadt Łódź eintaucht (S. MAREK 1957).

Strukturelle Verbindungen des Synklinoriums mit den angrenzenden Einheiten

Aus der Übersicht über die sekundären Formen des Synklinoriums von Miechów—Łódź—Szczecin ist zu ersehen, daß diese Einheit höherer Ordnung keine einheitliche Senkungszone darstellt, die zwei parallel zu ihr gelegene gehobene Einheiten, nämlich die Monokline und das Antiklinorium, trennt, sondern daß der Abschnitt von Miechów des Synklinoriums fast vollständig in das Gebiet südwestlich des Riegels von Kodrąb übergeht. Würde sich nun dieser Riegel, wie bereits dargelegt, mit der Struktur der Monokline verbinden, so hätte der Abschnitt von Miechów des Synklinoriums eigentlich keine unmittelbare Verbindung mit dem Abschnitt von Łódź.

Die zwei Hauptantiklinen der Umrandung der Góry Świętokrzyskie, die im Prinzip zur Struktur des Ansatzes des Antiklinoriums gehören, setzen sich wahrscheinlich in die Łódźer Zone des Synklinoriums in der Weise fort, daß auf der Breite von Turek ihr weiterer Verlauf durch die Strukturen von Ponętów und Uniejów gekennzeichnet ist. Sie nehmen die ganze nordöstliche Zone des Synklinoriums ein. Ähnlich verhalten sich im nordwestlichen Gebiet des Abschnittes von Łódź des Synklinoriums die strukturellen Achsen, die in Richtung auf Mogilno und Trzemżal gehen und von den sich abzeichnenden antiklinalen Kulissen der pommerischen Einheit aus in das Synklinorium verlaufen. Hier verbindet nur eine schmale synklinale Form, die zwischen dem „Riegel“ von Poznań und der südwestlichen Flanke des Antiklinoriums auf der Breite von Piła liegt, die Abschnitte von Łódź und Szczecin des Synklinoriums.

Während also der Abschnitt von Miechów des Synklinoriums von Nordwesten strukturell im Gebiet von Radomsko—Szczerców abgeschlossen wird, hebt sich der anschließende Abschnitt von Łódź in südöstlicher Richtung über die Umrandung der Góry Świętokrzyskie, in nordwestlicher Richtung über den pommerischen Abschnitt des Antiklinoriums im Bezirk Inowrocław—Piła heraus. Der Abschnitt von Szczecin des Synklinoriums erstreckt sich dagegen vorwiegend über die Monokline im Bereich westlich von Poznań.

Auf diese Weise kommt die Kontinuität des Baues des Synklinoriums von dem Abschnitt von Miechów über den von Łódź zu dem von Szczecin allein durch die ununterbrochenen subtertiären Ausbisse der Kreide zwischen diesen Elementen zum Ausdruck. Diese Tatsache muß aber strukturell bedingt sein. Sie spiegelt bestimmt die Auflagerung der laramischen Rahmentektonik des Großpolnischen Beckens auf einige Senken des alten Baues wider, die im Verhältnis zum laramischen Bau schräg verlaufen.

Diese komplizierte Senkungszone, mit Ausnahme vielleicht des noch sehr wenig bekannten Abschnittes von Miechów, zeichnet sich bis zu einem gewissen Grade auch durch eine eigentümliche Tektonik aus. Besonders weisen die sekundären Formen, obwohl diese in hohem Maße strukturell mit den Formen des Antiklinoriums oder auch der Monokline verbunden sind, einen mehr „weichen“ tektonischen Stil auf. Es handelt sich hier um zahlreiche Undulationen des Längsverlaufes jeder einzelnen Achse sowie um verwunderliche Änderungen ihrer Richtung. Am charakteristischsten sind das Abdrehen der Achse von Gopło auf Inowrocław und die allmähliche Annäherung der Achse Poznań—Nowogard an das Pommerische Antiklinorium. Die Besonderheit des Baues wird sicherlich in hohem Maße durch die Salztektonik bedingt, bei der sich die Grenzen des Auftretens der optimalen Parameter nicht eng mit der laramischen Richtung decken müssen.

Literatur

DADLEZ, R.: Geologische Untersuchungen am Pommerischen Antiklinorium im Jahre 1957. – Kwart. Geol., Nr. 4, Warszawa 1958.

DADLEZ, R. & J. DEMBOWSKA: Verlauf und Ergebnisse der Untersuchungen des mesozoischen Untergrundes des Pommerischen Antiklinoriums in den Jahren 1953–1958. – Przegl. Geol., Nr. 6, Warszawa 1959.

DEMBOWSKA, J.: Malm und untere Kreide in der Gegend von Kcynia. – Kwart. Geol., Nr. 2, Warszawa 1957.

ŁUNIEWSKI, A.: Aus der Geologie der Gegend von Radomsk. – P. I. G. Biul. 38, Warszawa 1947.

KSIĄŻKIEWICZ, M. & J. SAMSONOWICZ: Abriß der Geologie Polens. – P. W. N., Warszawa 1953.

MAREK, S.: Voruntersuchung der Stratigraphie der Unteren Kreide im Bezirk von Rogoźno und Ozorków. – Kwart. Geol., Nr. 2, Warszawa 1957.

– Geologischer Bau der Antikline von Justynów bei Łódź. – Kwart. Geol., Nr. 1, Warszawa 1959.

MROZEK, K. & K. SOJKA: Über den Bau der Struktur Mogilno auf der Grundlage der bisherigen Ergebnisse von seismischen Untersuchungen und von Bohrungen. – Nafta, Nr. 10, Katowice 1957.

OBUCHOWICZ, Z., Z. OLEWICZ, A. TOKARSKI & ST. WDOWIARZ: Der gegenwärtige Stand der geologischen Erkenntnisse und die Möglichkeit des Auffindens neuer Erdöl- und Erdgaslagerstätten in Polen. – Nafta, Nr. 4, Katowice 1959.

OSIKA, R.: Das Profil des oberen Lias und des Doggers der Gegend von Złotowo. – Kwart. Geol., Nr. 4, Warszawa 1958.

PAWŁOWSKI, S.: Die Gravimetrie der Umgebung von Radomsko. – Bull. Spec. I. G., Warszawa 1953.

POBORSKI, J.: Die Zechstein-Salzstruktur Izbica-Łęczyca. – Przegl. Geol., Nr. 1, Warszawa 1957.

POŻARYSKI, W.: Der Unterbau Nordwestpolens im Rahmen der umgebenden Strukturen. – Kwart. Geol., Nr. 1, Warszawa 1957.

– Der südwestliche Rand von Fenno-Sarmatia. – Kwart. Geol., Nr. 3–4, Warszawa 1957.

POŻARYSKI, W. & E. RÜHLE: Geologische Karte Polens im Maßstab 1:1000000 ohne Quartär- und Tertiär-Ablagerungen. – Atlas geol. Polski, Taf. 4, Warszawa 1955.

RÓŻYCKI, S. Z.: Tektonische Karte 1:4500000. – Atlas geogr. Polski, Tafel 13, P. Z. W. S., Warszawa 1952.

SAMSONOWICZ, J.: Über die Kreideablagerungen in den Bohrungen von Łódź und den Bau der Mulde von Łódź. – P. I. G. Biul. Nr. 50, Warszawa 1948.

SOKOŁOWSKI, J.: Geologischer Bau der Antikline von Gopło. – Kwart. Geol., Nr. 2, Warszawa 1957.

STEMULAK, J.: Die Struktur Szamotuły–Obornik im Lichte neuer geologischer Bohrarbeiten. – Kwart. Geol., Nr. 2, Warszawa 1959.

STEMULAK, J. & J. SOKOŁOWSKI: Bohrungen im Bereich der Struktur Mogilno. – Kwart. Geol., Nr. 3–4, Warszawa 1957.

STRZETELSKI, J.: Ergebnisse und Interpretation der experimentellen geochemischen Untersuchungen. – Prace Inst. Naftowego, 40, Kraków 1955.

ŚWIDZIŃSKI, H.: Geologische Skizze der Gegend von Przedborz an der Pilica. – Spraw. P. I. G., 8, Warszawa 1935.

TOKARSKI, A.: Suchaufgaben der Bohrung Mogilno 1. – Nafta, Nr. 1, Katowice 1958.

– Über die Typen der Strukturen des Metakarpatischen Walles. – Kwart. Geol., Nr. 4, Warszawa 1958.

Marines Miozän in Südostbrandenburg[1]

HELMUT AHRENS & DIETER LOTSCH, Berlin

(Mitteilung Nr. 127 aus dem VEB Geologische Erkundung Süd, Freiberg/Sa.)

In den letzten Monaten wurden von den Verf. wichtige neue Beobachtungen in den Miozänablagerungen Süd- und Ostbrandenburgs gemacht. Diese Beobachtungen sind geeignet, die bisherigen Vorstellungen über die paläogeographischen und faziellen Verhältnisse im Miozän eines großen Teiles des Norddeutschen Senkungsfeldes zu revidieren.

Die zyklische Gliederung „der jüngeren Braunkohlenformation nördlich der Mittelgebirge" durch KEILHACK (1913) und QUITZOW (1953) gründete sich wesentlich auf die Annahme einer durchgehend kontinentalen Sedimentation unter starker Betonung der limnischen und fluviatilen Fazies. Veranlaßt durch Funde von Hystrichosphaerideen in Teilen der Briesker Schichten und in den Unteren Raunoer Schichten der zentralen Niederlausitz sowie im Miozän Nordwestsachsens wies KRUTZSCH (1958) auf eine zeitweilige marin-brackische Beeinflussung dieser Räume hin. Nur wenig später gelang den Verf. in zwei Bohrprofilen der erstmalige Nachweis von Glaukonit in Sanden, die den 2. Lausitzer Flözhorizont unmittelbar unterlagern (LOTSCH & AHRENS 1960). Aus der daraufhin einsetzenden systematischen Durchmusterung zahlreicher Bohr- und Aufschlußprofile aus dem Miozän Süd- und Ostbrandenburgs resultierten schließlich folgende Beobachtungen:

1. Die überwiegend aus Fein- bis Mittelsanden, Schluffen und Tonen von brauner bis schwarzer Färbung bestehenden Briesker Schichten Süd- und Ostbrandenburgs enthalten frischen, dunkelgrünen, nicht abgerollten Glaukonit, dessen syngenetische Entstehung sicher ist. Das Auftreten von Glaukonit ist im größten Teil der durchmusterten Proben zwar nur als gering bis sehr gering zu bezeichnen, doch konnte in einzelnen Proben auch ein höherer Glaukonitgehalt nachgewiesen werden. Der Glaukonit ist in den Briesker Schichten nicht auf einzelne Horizonte beschränkt, sondern ist im gesamten Profil in fast allen sandigen Ablagerungen vorhanden.

2. In den Briesker Schichten treten – ebenfalls fast im gesamten Profil – vor allem in den tonig-schluffigen Sedimenten sandschalige Foraminiferen auf, die nach unseren bisherigen Funden den Gattungen *Ammodiscus*, *Haplophragmium*, *Spiroplectammina*, *Textularia* und *Trochammina* angehören. Der Individuenreichtum ist sehr unterschiedlich. Bisweilen konnten nur einzelne Exemplare aus einer Probe von 500 g herauspräpariert werden, während andere Proben dagegen zahlreiche Foraminiferen lieferten. Der Erhaltungszustand der Foraminiferen ist sehr unterschiedlich. Im allgemeinen sind die Gehäuse sehr empfindlich, so daß ihre Gewinnung vorwiegend durch Präparation, nicht aber durch die üblichen mikropaläontologischen Aufbereitungsmethoden möglich ist. Kalkschalige Foraminiferen sind in den heute völlig kalkfreien Sedimenten der

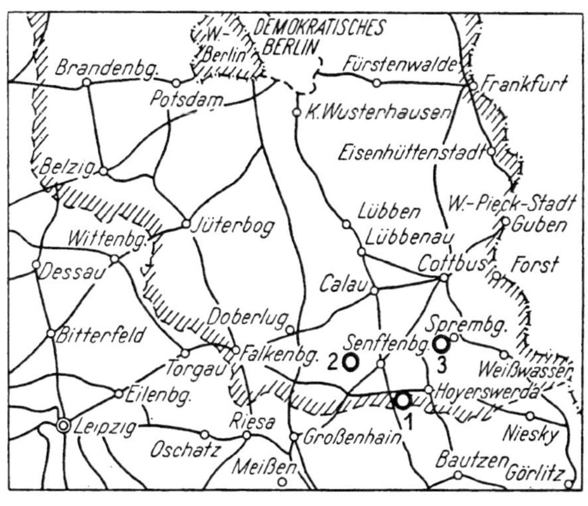

Abb. 1. Übersichtskarte des Untersuchungsgebietes

[1]) Eingang des Manuskripts in der Redaktion: 6. 11. 1962

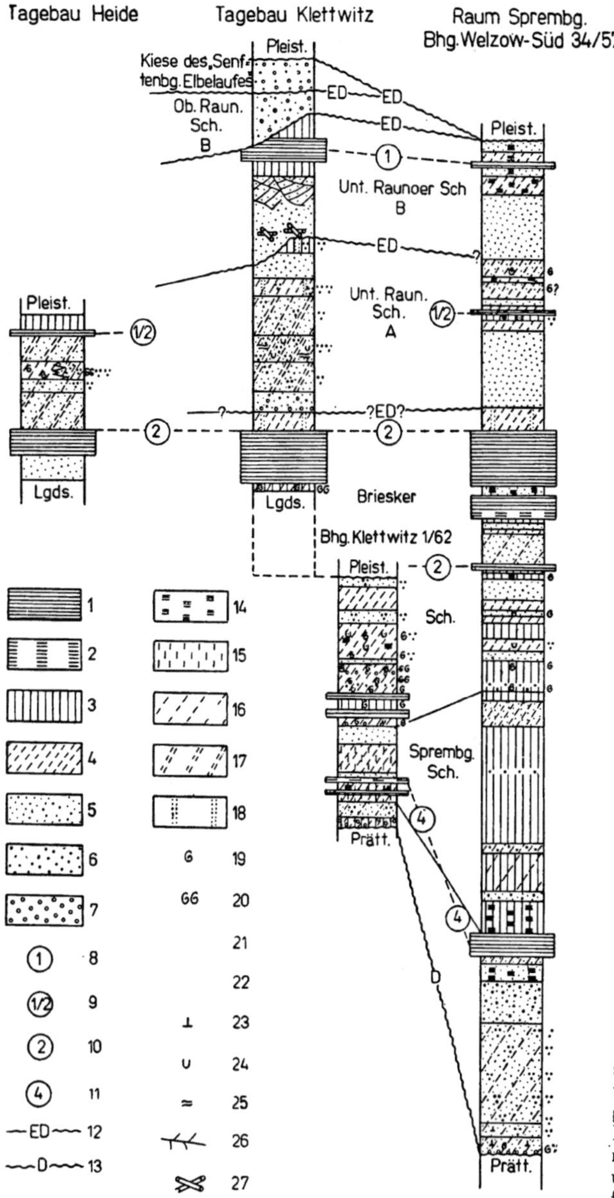

Abb. 2. Profil der Tagebaue Heide, Klettwitz und Welzow-Süd 34/57

1 – Braunkohle, 2 – Braunkohle, unrein; 3 – Ton, 4 – Schluff, 5 – Fein- und Mittelsand, 6 – Grobsand, 7 – Feinkies, 8 – 1. Lausitzer Flözhorizont, 9 – sog. Oberbegleiter, 10 – 2. Lausitzer Flözhorizont, 11 – 4. Lausitzer Flözhorizont, 12 – Erosionsdiskordanz, 13 – Diskordanz, 14 – braunkohlenhaltig, 15 – tonig, 16 – schluffig, 17 – schluffig gebändert, 18 – sandig gebändert, 19 – sandschalige Foraminiferen (selten – nicht selten), 20 – sandschalige Foraminiferen (häufig – sehr häufig), 21 – Glaukonit (selten), 22 – Glaukonit (nicht selten – häufig), 23 – kalkhaltig, 24 – Grabgänge und Fraßspuren, 25 – Kleinrippeln, 26 – Schrägschichtung, 27 – Schwemmlagen

Briesker Schichten nicht enthalten. Einzelne in Pyriterhaltung oder als Steinkerne vorliegende Foraminiferen lassen jedoch vermuten, daß primär auch kalkschalige Foraminiferen in diesen Schichten vorhanden waren.

3. Das unter 1 und 2 Genannte gilt in nahezu vollem Umfang auch für die Unteren Raunoer Schichten A, die in allen Braunkohlentagebauen der Niederlausitz gut aufgeschlossen sind. In den Tagebauen Klettwitz und Heide, um nur zwei Beispiele anzuführen, ist in einem ca. 15 m über dem 2. Lausitzer Flözhorizont lagernden ca. 5 m mächtigen schluffig gebänderten Sand der Glaukonitgehalt so auffällig deutlich, daß der Sand graugrün bis grasgrün gefärbt ist und mit vollem Recht als glaukonitischer Sand bezeichnet werden muß. Im Tagebau Heide verzahnt sich dieser Sand mit einem dunkelbraunen Schluffhorizont, der lagenweise eine individuenreiche Sandschaler-Foraminiferenfauna enthält. Auch über dem sog. Oberbegleiter — noch in den Unteren Raunoer Schichten A — wurden im Raum Spremberg Tone mit sandschaligen Foraminiferen und im Raum Klettwitz im gleichen Niveau Tone mit schwach glaukonitischen Sandschlieren aufgefunden.

4. Bisher wurde angenommen, daß die einzelnen miozänen Flözhorizonte der Lausitz und ihre Äquivalente in anderen Gebieten des Norddeutschen Senkungsfeldes limnisch entstanden sind. Der „3. Lausitzer Flözhorizont", der „Flözhorizont der sog. Quarzsandgruppe", der „2. Lausitzer Flözhorizont" und seine Äquivalente in Nord- und Nordostdeutschland sowie in der VR Polen und der sog. Oberbegleiter sind jedoch ausnahmslos paralisch. Diese Flözhorizonte werden nach unseren Untersuchungen von marinen Sedimenten unmittelbar unter- und überlagert, bzw. sie verzahnen sich direkt mit marinen Sedimenten. Die Flözbildung im Miozän des Norddeutschen Senkungsfeldes ist also von der jeweiligen paläogeographischen Situation abhängig. Daraus folgt, daß die einzelnen Flözbänke nur auf kurze Entfernung horizontbeständig sein können.

5. Die in der geologischen Literatur bisher als „Kohlenletten", „Letten", „Braunkohlenton", „Alaunton" usw. bezeichneten Gesteine aus dem Miozän des genannten Gebietes — es handelt sich hierbei um abwechselnd sandige oder sandfreie dunkelbraune Schluffe oder Tone, die oftmals eine intensive Bänderung aufweisen — sind nach Ansicht der Verf. stets marin.

Eine ausführliche Darstellung dieses Fragenkomplexes wird z. Z. von den Verf. vorbereitet.

Zusammenfassung

Die bisherige Ansicht, das Miozän Brandenburgs und seiner — vor allem östlichen — Nachbargebiete sei kontinentaler Entstehung, ist zu revidieren. Die in der Arbeit angeführten Beobachtungen beweisen eindeutig die marine Entstehung eines großen Teiles des Miozänprofiles im genannten Gebiet. Für die Deutung der „Altersbeziehungen und Flözzusammenhänge in der jüngeren Braunkohlenformation nördlich der Mittelgebirge" ergeben sich hieraus ebenfalls neue Möglichkeiten. Das gleiche gilt auch für die stratigraphische Parallelisierung des brandenburgischen Miozäns mit dem Miozän des engeren Nordseegebietes.

Резюме

Существующее мнение, что миоценовые отложения Бранденбурга и, прежде всего, восточных соседних районов — континентального происхождения, подлежит пересмотру. Приведенные в статье наблюдения свидетельствуют однозначно о морском происхождении большой части миоценового разреза в упомянутом районе. Для толкования возрастных соотношений и связей между пластами в более молодой буроугольной формации севернее Средних гор из этого тоже получаются новые возможности. Это относится и к стратиграфической параллелизации бранденбургского миоцена с миоценом более узкого района Северного моря.

Summary

A revision must be made of the view hitherto held that the Miocene of Brandenburg and its above all eastern neighbouring areas is of continental origin. Observations described in the paper clearly show that in this area a great deal of the Miocene profile is of marine origin. The revision also opens

Zeitschrift für angewandte Geologie (1963) Heft 3

up new possibilities for an interpretation of the „relations of age and continuities of seams in the younger brown-coal formation north of the Mittelgebirge". The same holds good for the stratigraphic parallelization of the Miocene of Brandenburg with that of the narrower North Sea area.

Literatur

KEILHACK, K.: Die geologischen Verhältnisse des Niederlausitzer Braunkohlengebietes mit besonderer Berücksichtigung der Felder der Ilse-Bergbau-Actiengesellschaft in Grube Ilse. – Festschr. z. Feier d. 25jährigen Bestehens d. Ilse-Bergbau-Actiengesellschaft, S. 7–53, Berlin 1913.

KRUTZSCH, W.: Erster Bericht über sporenpaläontologische Untersuchungen von Proben aus der Bohrgruppe Weißwasser–Rietschen 1957, Berlin 1958. – Unveröffentlichter Bericht im Archiv der Staatlichen Geologischen Kommission.

LOTSCH, D. & H. AHRENS: Ergebnisbericht Braunkohle Spremberg–Frankfurt 1959/60. – Unveröffentlichter Bericht im Archiv der Staatlichen Geologischen Kommission, Berlin 1960.

QUITZOW, H. W.: Altersbeziehungen und Flözzusammenhänge in der jüngeren Braunkohlenformation nördlich der Mittelgebirge. – Geol. Jahrb., Band 68, S. 27–132, Hannover 1953.

Zur Grundwasserklassifikation und zur Analyse des Grundwasserdargebots[1]

JOHANNES ZIESCHANG, Berlin

(Mitteilung aus dem Zentralen Geologischen Institut, Berlin)

Der Artikel des Verf. „Zur Klassifikation der Grundwasservorräte" (Z. angew. Geologie, Bd. 7, H. 6, 1961) und das auf dieser Arbeitsgrundlage entworfene Beispiel einer Grundwasservorratskartierung (demonstriert im Vortrag „Die Grundwasservorratskarte im Rahmen der hydrogeologischen Übersichtskartierung" auf der Frühjahrstagung 1962 der Geologischen Gesellschaft in der DDR in Erfurt) haben eine in vollem Umfang berechtigte Diskussion unter den Vertretern der Wasserwirtschaft und der Geologie hervorgerufen. Verf. hat die dem Für und Wider geltenden, zutreffenden Argumente benutzt, um seine Meinung zur Lösung des Problems der Grundwasserklassifikation zu präzisieren.

Im Gegensatz zu den Oberflächengewässern, die infolge ihrer Zugänglichkeit sowohl quantitativ als auch qualitativ mit annähernd gleicher Genauigkeit beobachtet und gemessen werden können, sind bei der Analysierung des Grundwasserdargebots i. w. S. verschiedene Maßstäbe anzulegen. Und zwar ist die Genauigkeit, mit der die zu erfassenden Grundwassermengen berechnet werden können, vom Grad der hydrogeologischen Erkundung des betreffenden Grundwassereinzugsgebiets abhängig. In diesem Punkte steht das Grundwasser als Bodenschatz auf einer Stufe mit den übrigen lagerstättenbildenden Bodenschätzen. Andererseits ist zu berücksichtigen, daß sich das Grundwasser im Gegensatz zu den Mineralien laufend erneuert bzw. ergänzt, da es am allgemeinen Wasserkreislauf teilnimmt.

Von geologischer Seite wird gefordert, daß die Analysierung und die Berechnung des Teiles des Wasserkreislaufs, der vom Grundwasser gebildet wird, unter Anwendung einer Grundwasserklassifikation erfolgt. Von hydrologischer Seite wird die Forderung erhoben, die am Wasserkreislauf teilnehmenden Grundwassermengen nicht als Vorräte im strengen Sinne des Wortes auszuweisen. Beide Forderungen sollten m. E. berücksichtigt werden. Im Hinblick auf die letztgenannte Forderung ist es notwendig, die am Wasserkreislauf teilnehmenden Grundwassermengen nicht mehr als dynamische Vorräte auszuweisen. Das Wort Grundwasservorrat sollte vielmehr nur noch für den statischen Grundwasservorrat verwendet werden, da es sich bei diesem tatsächlich um Vorräte handelt, die allerdings nur in bestimmten Fällen abgebaut oder genutzt werden können.

[1]) Eingang des Manuskripts in der Redaktion: 24. 10. 1962

Es ist somit auch angebracht, nicht mehr von Vorräten des natürlichen Grundwasserdargebots zu sprechen, sondern als Grundwasserdargebot (= Grundwasserdargebot i. e. S., wogegen der Begriff Grundwasserdargebot i. w. S. für die Gesamtheit der Grundwasserneubildung, auch die künstlich erzeugten Grundwassermengen, verwendet werden sollte) die Grundwassermenge zu bezeichnen, die auf natürlichem Wege durch Versickerung oder Versinkung von Niederschlags- oder Oberflächenwasser laufend ergänzt wird. Das Grundwasserdargebot (i. e. S.) ist das weitaus wichtigste Glied des Teiles des Wasserkreislaufs, der vom Grundwasser gebildet wird, und die Grundwasserklassifikation ist speziell dafür festzulegen. An dieser Stelle soll noch einmal ganz klar herausgestellt werden: Die Grundwasserklassifikation dient im wesentlichen der Analysierung des Grundwasserdargebots, sie vervollkommnet den in den Richtlinien zur Analyse der wasserwirtschaftlichen Verhältnisse der Flußgebiete aufgestellten Analysengang und verbessert somit das Resultat. Zum besseren Verständnis der Dinge im Sinne einer Abgrenzung der Zuständigkeitsbereiche muß aber auch noch eindeutig festgestellt werden, daß die Analyse des Grundwasserdargebots vom Hydrogeologen in enger Zusammenarbeit mit dem Wasserwirtschaftler bearbeitet werden muß. Dies hätte allerdings auch schon bei der Bearbeitung der Analysenrichtlinien Berücksichtigung finden müssen.

Die Analyse muß, wenn sie vollständig sein soll, stets ein geschlossenes Grundwassereinzugsgebiet umfassen, und zwar zugehörig zu einem vorgegebenen oberirdischen Einzugsgebiet, und einen Mengennachweis erbringen, der entsprechend der Grundwasserklassifikation unterschiedlich zu bewertende Angaben enthalten wird. Dieser Nachweis, geführt in Form einer tabellarischen Zusammen- und Gegenüberstellung, entspricht sinngemäß der Bilanz, die in der Vorratsklassifikation für die festen mineralischen Rohstoffe festgelegt ist. Der Begriff „Bilanz" wird hier im allgemeinen Sinne verwendet, und er ist bei den bisher gemachten Ausführungen über die Grundwasservorratsklassifikation immer in diesem Sinne gebraucht worden. Dagegen ist die von der Wasserwirtschaft geforderte Grundwasserbilanz im Sinne einer Buchhaltungsbilanz zu verstehen, da sie eine gebietsmäßige Gegenüberstellung des Grundwasserdargebots i. w. S. und des Grundwasserbedarfs zum Inhalt hat.

Bei der Analyse des Grundwasserdargebots sollte, wie schon gesagt, eine Grundwasserklassifikation Anwendung finden. Verf. schlägt vor, nur drei Klassen zu verwenden. Die Klasse A umfaßt den Teil des Grundwasserdargebots i. w. S., der durch Wasserwerke oder sonstige im allgemeinen kontinuierlich arbeitende Grundwasserfördereinrichtungen gewonnen wird; eine Gliederung nach Grundwasserherkunft (z. B. Uferfiltrat) und -nutzungsart (z. B. Trinkwasser) ist zusätzlich möglich.

Die Klasse B umfaßt den Teil des Grundwasserdargebots, der in qualitativer und quantitativer Hinsicht nach entsprechenden Richtlinien in der Weise erkundet ist, daß daraufhin seine Gewinnung projektiert werden kann.

Die Klasse C umfaßt das gesamte Grundwasserdargebot (i. e. S.), ermittelt für Grundwasserteileinzugsgebiete nach Berechnungsverfahren, die in den Erläuterungen zu den Richtlinien über die Analyse der wasserwirtschaftlichen Verhältnisse der Flußgebiete bereits für die „Erfassung des Grundwasserdargebots“ genannt werden.

Die Berechnungen nach diesen Verfahren sind jedoch mit mehr oder weniger großen Fehlern behaftet. Die Ermittlung des Grundwasserdargebots kann also für die einzelnen Flußgebiete mit unterschiedlicher Genauigkeit erfolgen, da es dem Bearbeiter nach den Richtlinien freigestellt ist, von sechs oder noch mehr Berechnungsverfahren eines zu wählen.

Verf. schlägt vor, die Benutzung eines einheitlichen Berechnungsverfahrens anzustreben. Bei der Wahl desselben ist davon auszugehen, daß die dem Grundwasserdargebot entsprechende Grundwasserneubildung an erster Stelle von der Niederschlagshöhe und an zweiter, jedoch nicht minder wichtiger Stelle vom hydrogeologischen Aufbau des betreffenden Grundwassereinzugsgebiets abhängig ist. Unter dem hydrogeologischen Aufbau ist jedoch nicht nur die Ausbildung der obersten Gesteinsschichten zu verstehen (die Grundwasserdargebotsberechnung anhand von Versickerungsanteilen nach den Bodenarten arbeitet jedoch danach), sondern es ist auch der Aufbau und die Beschaffenheit des Grundwasserleiters selbst sowie die Gesamtheit der teilweise vorhandenen, weniger durchlässigen Deckschichten zu berücksichtigen. (Dies ist durchaus einzusehen, wenn man bedenkt, daß die Grundwasserneubildung nicht nur durchlässige Schichten an der Erdoberfläche, sondern auch aufnahme- und weiterleitungsfähige Grundwasserleiter in der Tiefe voraussetzt.) Verf. schlägt ein nach diesem Prinzip für den Lockergesteinsbereich aufgestelltes Berechnungsverfahren vor. Der in der Abbildung dargestellte Grundwasserabflußspendenschlüssel zeigt das Grundwasserdargebot in l/s km² in Abhängigkeit vom Niederschlag in mm/a (langjähriges Mittel). Der von der 0%-Kurve und der 100%-Kurve eingeschlossene Bereich besitzt nur dann Gültigkeit, wenn ein der Größe des Grundwasserdargebots entsprechender aufnahme- und weiterleitungsfähiger Grundwasserleiter im weitaus größten Teil des betreffenden Grundwasserteileinzugsgebiets vorhanden ist. Die prozentuale Abstufung dieses Bereiches entspricht einem nach einem Bewertungsschema berechneten Anteil an vorhandenen, wenig durchlässigen Deckschichten. Und zwar kann der Grundwasserleiter vollkommen bedeckt bis vollkommen unbedeckt sein. Diese Bedeckung (in der Hauptsache handelt es sich um Geschiebemergel) wirkt jedoch erst dann hemmend auf die Grundwasserneubildung, wenn die wenig durchlässigen Deckschichten bis zur Erdoberfläche reichen. Sind diese jedoch noch von geringmächtigen durchlässigen Schichten überlagert, ist also dadurch eine größere Grundwasserneubildung möglich und können diese Grundwassermengen infolge Geringmächtigkeit oder örtlicher Unterbrechung der wenig durchlässigen Deckschichten (Mindestwert etwa 25% unbedeckter Grundwasserleiter) in den Hauptgrundwasserleiter gelangen, dann können diese in durchlässige Schichten eingeschlossenen, wenig durchlässigen Deckschichten bei der Bestimmung des Grundwasserdargebots vernachlässigt werden.

Für die Dargebotsermittlung ist also der Teil der wenig durchlässigen Deckschichten zu bestimmen (Einschätzung in Prozenten der Fläche des untersuchten Grundwasserteileinzugsgebiets), der an der Erdoberfläche ansteht und so unmittelbar die Grundwasserneubildung beeinflußt. Da die Grundwasserneubildung jedoch auch noch von der Mächtigkeit der Deckschichten des Grundwasserleiters abhängig ist, muß zur verbesserten Bestimmung des Grundwasserdargebots eine diesen Faktor berücksichtigende Bewertung vorgenommen werden. Der Grundwasserabflußspendenschlüssel ist für die Gruppe der wenig durchlässigen Deckschichten mit größerer Mächtigkeit aufgestellt (über ca. 10 m mächtig), d. h., mit dem nach o. g. Einschätzung ermittelten prozentualen Anteil von an der Erdoberfläche anstehenden mächtigeren und wenig durchlässigen Deckschichten kann man das Grundwasserdargebot ohne Umrechnung und mit Hilfe der Niederschlagsmenge im Schlüssel bestimmen. Der Anteil der weniger mächtigen (bis ca. 10 m), wenig durchlässigen Deckschichten ist auf Grund seiner weitaus günstigeren Voraussetzungen für die Grundwasserneubildung mit dem Faktor 0,5 zu multiplizieren; erst danach ist das Grundwasserdargebot mit Hilfe des Schlüssels zu bestimmen. Der Übergang von mächtigen zu geringmächtigen Deckschichten mußte mit 10 m festgelegt werden; diese Grenze ist jedoch nicht als starr zu betrachten, sondern es ist ein breiter Übergangsbereich vorhanden, für den jedoch keine Übergangswerte festgelegt werden können. In Sonderfällen kann vom angegebenen Faktor abgewichen werden. Das gleiche gilt für bestimmte Fälle, in denen die Durchlässigkeit der Deckschichten im gesamten Teileinzugsgebiet Werte besitzt, die nicht mit dem für diesen Grundwasserabflußspendenschlüssel vorgegebenen Mittel in Einklang zu bringen sind. Dieses Mittel ist im wesentlichen aus den Verhältnissen des quartären Lockergesteinsbereichs der DDR abgeleitet worden, jedoch vorerst mit Ausnahme der Geschiebemergelgebiete des pommerschen Stadiums der letzten Vereisung; aus diesen Gebieten liegen noch keine Kontrollwerte vor.

Als Beispiel für die Bewertung der Deckschichten und die Benutzung des Schlüssels soll das vom Wasserwerk Quellendorf (Wasserversorgung Dessau) genutzte Grundwasserdargebot erwähnt werden. Das Grundwassereinzugsgebiet dieses Wasserwerkes enthält einen Grundwasserleiter (vorwiegend quartäre Sande und Kiese), der zu etwa 60% von einer wenige Meter mächtigen Geschiebemergelschicht bedeckt wird. Unter Benutzung des Faktors 0,5 erhält man also einen Wert von 30%, der unter Verwendung des Niederschlagsmittelwertes für das Grundwassereinzugsgebiet WW Quellendorf von N = 520 mm/a ein Grundwasserdargebot von 2,9 l/s km² ergibt. Tatsächlich wurden im WW Quellendorf ca. 2,8 l/s km² gewonnen (nach Untersuchungen des Verf. 1960).

Eine Sonderbehandlung im Rahmen der Grundwasserdargebotsbestimmung verlangen die Niederungsgebiete mit hohem Grundwasserstand. In diesen Gebieten sind die an der Erdoberfläche gelegenen Schichten häufig durch erhöhten Gehalt an organogenen Beimengungen ausgezeichnet, so daß neben einer erhöhten Gebietsverdunstung auch noch eine Verringerung der Durchlässigkeit erzeugt wird. In diesen Gebieten sollte die Grundwasserneubildung jedoch nicht pauschal gleich Null gesetzt werden, wie es von den wasserwirtschaftlichen Richtlinien vorgeschlagen wird, da auch in diesen Gebieten eine gewisse Grundwassererneuerung möglich ist, die sich sogar erhöht, wenn größere Entnahmen stattfinden. Diese Niederungsgebiete mit hohem Grundwasserstand sind bezüglich Grundwasserdargebotsbestimmung vielmehr wie die wenig durchlässigen und mächtigen Deckschichten zu behandeln. Eine Ausnahme bilden natürlich Moorgebiete, die infolge ihrer sehr hohen Gebietsverdunstung (V > A) den offenen Wasserflächen gleichzusetzen sind.

Abschließend soll ein angenommenes kombiniertes Beispiel nochmals die Grundwassereinzugsgebietsbewertung und die Handhabung des Grundwasserabflußspendenschlüssels erläutern. Ein Grundwassereinzugsgebiet hat folgende Zusammensetzung:

a)	Mächtiger, oberflächig anstehender Geschiebemergel	25%
b)	Auelehm (geringmächtig)	30%
c)	Schwach anmoorige Niederungsflächen mit meist hohem Grundwasserstand	10%
d)	Durchlässige Talsandflächen	35%

Dann lautet die Bewertung für den Schlüssel:

a)	25 · 1	= 25%
b)	30 · 0,5	= 15%
c)	10 · 1	= 10%
d)	35 · 0	= 0%
	Summe	50%

Mit dieser Zahl benutzt man den Schlüssel und erhält bei einem angenommenen Niederschlag von 600 mm/a ein Grundwasserdargebot von 3,4 l/s km².

Zuletzt muß noch erwähnt werden, durch welche Grundwerte die Form des Grundwasserabflußspendenschlüssels bestimmt worden ist. Das wichtigste Schlüsselglied ist die 0%-Kurve, die für den gemäßigten Klimabereich mit Niederschlägen zwischen 500 und 700 mm/a von den Punkten c, d und e bestimmt wird. Auf dieser Kurve liegen die günstigsten Grundwasserdargebotswerte. Der Wert bei c entspricht dem Grundwasserdargebot, gefördert im Wasserwerk Thalheim der Filmfabrik Agfa Wolfen (nach Untersuchungen des Verf. 1960). Der Wert bei d entspricht dem Grundwasserdargebot, gefördert im Wasserwerk Colbitz/Letzlinger Heide für die Stadt Magdeburg (nach Untersuchungen von KOEHNE, BOLLMANN). Der Wert bei e entspricht dem Grundwasserdargebot, gefördert im Wasserwerk Kossa/Dübener Heide für die Mitteldeutsche Verbund-

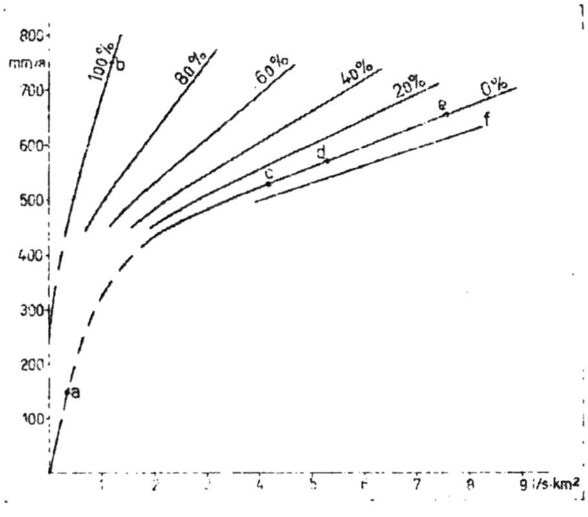

Schlüssel zur Ermittlung der Grundwasserabflußspende für den Lockergesteinsbereich

wasserversorgung (nach Untersuchungen des Verf. 1960, unter Berücksichtigung der Überbeanspruchung der Grundwasserlagerstätte nach unveröffentlichten Arbeiten von BOLLMANN). Die mit f bezeichnete Gerade stellt das theoretische Maximal-Grundwasserdargebot bei einer Gebietsverdunstung von V = 375 mm/a und einem oberirdischen Abfluß von A_0 = 0 dar. Durch die 100%-Kurve können die Grundwasserdargebote für den hydrogeologischen Lockergesteinsbereich ermittelt werden, der wohl noch einen ausreichend entwickelten, bedeckten Grundwasserleiter enthält, jedoch oberflächig von mächtigeren und wenig durchlässigen Deckschichten aufgebaut wird. Für diesen Bereich liegen leider noch keine Grundwerte auf der Grundlage von Wasserwerksanalysen vor (bestimmte Wasserwerke können praktisch als Groß-Lysimeter betrachtet werden), sondern es mußte auf die Ergebnisse der Klein-Lysimeter zurückgegriffen werden. Diese bringen aber gerade im wenig durchlässigen Bereich Werte, die im Vergleich mit den natürlichen Bedingungen nur mit recht kleinen Fehlern behaftet sein werden. Der Wert bei b entspricht einem 5%igen Versickerungsanteil des Gesamtniederschlags bei 750 mm/a, gefunden in Löß mit einer humosen verlehmten Bodendecke, also mit einer für die Grundwasserneubildung denkbar ungünstigen Lockergesteinsbeschaffenheit (nach Untersuchungen der Agrarmeteorologischen Forschungsstelle in Gießen, zusammenfassende Auswertungen nach SCHNEIDER). Der weitere Verlauf der 100%-Kurve bei sich verringernden Niederschlägen konnte angenähert auf Grund von Überlegungen festgelegt werden, die aus einer Analyse des Gebietes im Regenschattenmaximum des Harzes bei Halle stammen; und zwar ergab sich für dieses Gebiet bei einem durchschnittlichen Niederschlagswert von N = 500 mm/a und bei hydrogeologischen Verhältnissen, die etwa der 50%-Kurve des Schlüssels entsprechen, ein Grundwasserdargebot von ca. 2 l/s km². Die 0%-Kurve konnte andeutungsweise auch im Bereich sehr niedriger Niederschlagswerte auf Grund des bei a gelegenen Wertes angegeben werden. Dieser Wert stammt aus dem Gebiet bei Rutba im irakischen Teil der Arabischen Wüste, es ist etwa der Bereich der höheren Wadis (nach Untersuchungen des kalifornischen Ing.-Büros RALPH M. PARSONS, 1957).

Die Ermittlung des Grundwasserdargebots mit Hilfe des gezeigten Schlüssels wird selbstverständlich nicht absolut frei von Fehlern sein. Jedoch sind bei der Erarbeitung dieses Schlüssels bestimmte fehlerarme Bereiche anderer Verfahren verwendet worden, so daß eine Kombination entstanden ist, durch die größere Fehler vermieden werden dürften und die vor allem im Rahmen einer Grundwasserklassifikation eine Arbeitserleichterung bei einer zielstrebigen Analyse des Grundwasserdargebots mit sich bringt.

Zusammenfassung

Der erste Teil des Artikels ist als Diskussionsbeitrag zu werten. Danach gibt Verf. ein Verfahren zur Ermittlung des Grundwasserdargebots für bestimmte Teile des quartären Lockergesteinsbereichs bekannt. Das Verfahren fußt auf Wasserwerks- und Lysimeterwerten. Zu der Ermittlung des Grundwasserdargebots nach diesem Verfahren werden neben den Niederschlagswerten besonders die Grundwasserneubildungsbedingungen herangezogen.

Резюме

Первую часть статьи следует считать вкладом в дискуссию. Потом автор сообщает способ к выявлению дебита грунтовых вод для определенных участков четвертичных рыхлых пород. Метод основан на значениях водосборных станций и лизиметра. При установлении дебита грунтовых вод по этому методу наряду с значениями осадков в частности используются условия новообразования грунтовых вод.

Summary

The first part of the paper is to be considered as a discussion article. The author then describes a method for the determination of ground-water resources in certain parts of the zone of quaternary loose material. The method is based on waterworks and lysimeter data. In addition to rainfall coefficients the conditions of the new formation of ground waters are used by this method for the determination of the groundwater resources.

Literatur

BOLLMANN, H.: 50 Jahre Grundwasserbeobachtungsdienst in Mitteldeutschland. — Akademie-Verlag, Berlin 1957.

DYCK, S. & P. CHARDABELLAS: Bericht zur 9. Arbeitstagung der Geol. Ges. DDR. Wasserwirtschaft–Wassertechnik, H. 9, 417–419, Berlin 1962.

HOHL, R.: Zur Klassifikation von Grundwasservorräten. — Z. angew. Geol., 12, 636–640, Berlin 1961.

KOEHNE, W.: Die Ermittlung der Wasserführung von Grundwasserströmen und ihre Bedeutung für den Betrieb von Wasserwerken. — Kirschbaum-Verlag, Bielefeld 1953.

SCHNEIDER, H.: Die Wassererschließung, Teil I. — Vulkan-Verlag, Essen 1952.

WEDER, H.: Zur Grundwasservorratsklassifikation. — Z. angew. Geol., 8, 401–404, Berlin 1962.

ZIESCHANG, J.: Zur Klassifikation der Grundwasservorräte. — Z. angew. Geol., 7, 6, Berlin 1961.

Analyse der wasserwirtschaftlichen Verhältnisse der Flußgebiete. — (Mitt. d. Inst. f. Wasserwirtsch.) Sonderhefte 1959 und 1961 (Richtlinien), VEB Verlag Technik, Berlin.

Ingenieurgeologische Probleme des Verkehrsbaues[1)]

GÜNTER BACHMANN, Berlin, KONRAD MARQUARDT, Schwerin, & FRITZ REUTER, Berlin

I. Allgemeines

Die Mitwirkung der Ingenieurgeologen im Bauwesen ist recht mannigfaltig. In den letzten Jahren haben sich deshalb einige Spezialgebiete gegeneinander abgegrenzt, in denen die jeweiligen Spezialisten große Erfahrungen sammeln konnten, so daß sie gern gesehene Berater auf den Baustellen geworden sind. Man spricht heute z. B. von der Ingenieurgeologie des Talsperrenbaues, des Landverkehrsbaues und des Städte- und Industriebaues. Mit dem vorliegenden Aufsatz wollen wir uns mit einigen ingenieurgeologischen Problemen des Verkehrsbaues beschäftigen, die auch bei den Untersuchungsarbeiten an der geplanten Autobahn Berlin–Rostock auftraten und sicher allgemeines Interesse erwecken werden.

II. Zu einigen Fragen des Verkehrsbaues

Zum Verkehrsbau gehören in erster Linie Straßen-, Autobahn-, Flugplatzbauten und der Bau von Bahnlinien. Dem Ingenieurgeologen werden häufig mehrere Varianten zur Begutachtung vorgelegt. Er hat dann die Aufgabe, mit der in dem jeweiligen Stadium zu fordernden Genauigkeit Aussagen über die Untergrundverhältnisse zu machen. Durch verschiedene Aufschlußverfahren und Laboratoriumsuntersuchungen an gestörten und ungestörten Gesteinsproben sind die geologischen Verhältnisse so weit zu klären, daß der Bauingenieur hieraus die nötigen Schlußfolgerungen für die Planung ziehen kann oder die nötigen Unterlagen für die Projektierung erhält.

[1)] Eingang des Manuskripts in der Redaktion: 11. 10. 1962

Während früher bei Verkehrsbauten häufig das Augenmerk auf die Standfestigkeit der Hänge und auf die Baugrunduntersuchung von Kunstbauten (z. B. Brücken) gerichtet war, weiß man heute, daß dies nur einen Teil der Aufgaben darstellt, welche die Ingenieurgeologie im Verkehrsbau zu lösen hat. Durch die immer größer werdenden Radlasten und Geschwindigkeiten werden die Fahrbahnen zu stark beanspruchten Konstruktionen. Deshalb muß sich der Ingenieurgeologe einem weiteren sehr wichtigen Problem zuwenden, nämlich der Standfestigkeit des Untergrundes.

Wenn man wirtschaftlich arbeiten will, kann man den höheren Anforderungen, die an die Fahrbahnen gestellt werden, nicht dadurch gerecht werden, daß die Fahrbahndecken mächtiger ausgeführt werden, sondern der Ingenieurgeologe muß dem Bauingenieur generelle Hinweise über die Tragfähigkeitseigenschaften des Untergrundes geben und zugleich geeignete Maßnahmen für die Art und Ausführung des Unterbaues vorschlagen. Seine Hinweise werden sich dabei auf folgende Hauptpunkte erstrecken:

1. Art des Gesteinsuntergrundes und seine Tragfähigkeitseigenschaften. Außer den üblichen Routineuntersuchungen spielt die Prüfung auf Verdichtbarkeit eine entscheidende Rolle.
2. Lösbarkeit der Gesteine.
3. Erkundung geeigneter Baustoffe für Packlage, Sauberkeitsschicht und Frostschutzschicht. Hier empfiehlt sich eine enge Verbindung zu den Fachkollegen des Sektors „Steine und Erden" und der Zentralen Vorratskommission. Von ihnen erhält er Hinweise, wo geeignetes Material zu finden oder welches Material vor der Bebauung zu schützen ist.
4. Durch Laboratoriumsuntersuchungen (u. U. können Untersuchungen veranlaßt werden) ist der Nachweis für die

Eignung der erkundeten Gesteine als Baumaterial zu führen.

Die Mitarbeit der Ingenieurgeologie in den verschiedenen Planungsstadien

In unserer Volkswirtschaft vollzog sich die Durchführung der Bauvorhaben bis vor kurzem in folgenden Stadien:

Perspektivplanung,
Volkswirtschaftliche Aufgabenstellung,
Vorplanung,
Grundprojekt,
Ausführungsunterlagen.

Es ist vorgesehen, folgende Stadien zu unterscheiden:

Perspektivplanung,
Aufgabenstellung,
Projekt,
Ausführungsunterlagen.

Für die Perspektivplanung sollte der Ingenieurgeologe zweckmäßigerweise ein Vorgutachten anfertigen, worin er sich zur Standortwahl im allgemeinen zu äußern hätte. Ferner müßte es Hinweise für das weitere ingenieurgeologische Untersuchungsprogramm enthalten.

Nach den früheren gesetzlichen Bestimmungen brauchte die Ingenieurgeologie für dieses Stadium nicht eingeschaltet zu werden. Für größere Objekte, wie z. B. die geplante Autobahn Berlin—Rostock, war die frühzeitige Einschaltung der Ingenieurgeologie jedoch sehr nützlich.

Als Unterlagen für das Vorgutachten dienen vorhandene geologische Karten (Übersichtskarten im Maßstab 1 : 200000 und Spezialkarten im Maßstab 1 : 25000) und Archivunterlagen. Außerdem sollten Geländebegehungen durchgeführt werden.

Im Vorgutachten müßten bereits Hinweise auf orientierende Kennwerte und auf die wichtigsten bautechnischen Eigenschaften der Gesteine enthalten sein. Bei Sanden sollten Angaben über die Ungleichförmigkeit, den Abstufungsgrad, das Frostverhalten, die Kornform usw. und bei bindigen Gesteinen Hinweise über die Zustandsform gegeben werden, aus denen Belastungswerte und Standfestigkeitseigenschaften überschlägig abgeleitet werden können. Bei Festgesteinen sind Angaben über den Verwitterungszustand, die Klüftigkeit und das Vorhandensein tektonischer Störungen von großer Bedeutung.

Bei der Begutachtung von Gebieten, in denen mit dem Vorhandensein von Untergrundsschwächen gerechnet werden muß, trägt der Ingenieurgeologe eine besonders große Verantwortung. Durch das Auftreten von Erdfällen oder mehr oder weniger schnell verlaufenden bruchlosen Senkungen können ernsthafte Schäden entstehen.

Es ist zweckmäßig, besonders bei größeren Objekten dem Gutachten eine Übersichtskarte beizugeben, in der unter Berücksichtigung der speziellen Fragestellung die ingenieurgeologischen Verhältnisse kartographisch dargestellt werden. Der Maßstab und der Inhalt der Karte sind entsprechend der Größe des Objektes, aber auch nach den geologischen Verhältnissen zu wählen.

Während bei der Perspektivplanung die Maßstäbe 1 : 100000 bis 1 : 200000 für die Übersichtskarte ausreichend erscheinen, ist bei der Aufgabenstellung der Maßstab $\gg$1 : 25000 zu wählen. Dabei können für besonders komplizierte Abschnitte Spezialaufnahmen mit Maßstäben von 1 : 500 bis 1 : 5000 erforderlich sein.

Bei der Begutachtung für das Projektierungsstadium muß der Ingenieurgeologe seine Ergebnisse aus dem Vorgutachten durch Bohrungen und Laboratoriumsuntersuchungen (Kornverteilung, Bildsamkeitswerte, natürlicher Wassergehalt, kapillare Steighöhe, Festigkeit, Proctortest usw.) ergänzen. In diesem Stadium sollten auch generelle Angaben über vorzunehmende Frostschutzmaßnahmen, evtl. erforderliche Behandlung von organogenen Schichten, zweckmäßige Anlage von Böschungen usw. gemacht werden. Diese Untersuchungen werden im Stadium der Aufstellung der Ausführungsunterlagen durch ein weiteres Verdichten des Bohrnetzes und eventuell zusätzliche Untersuchungen im Laboratorium präzisiert, so daß schließlich eine genaue und allseitige ingenieurgeologische Einschätzung der Trasse vorliegt. Bei Objekten von geringerer Bedeutung können die ingenieurgeologischen Arbeiten für mehrere Stadien häufig zusammengefaßt werden.

Welche Objekte soll der Ingenieurgeologe bearbeiten?

Von den Projektierungsbetrieben des Straßenbauwesens werden dem Ingenieurgeologen Anträge auf Begutachtung übergeben, die hauptsächlich folgenden drei Kategorien zugeordnet werden können:

1. Neutrassierungen,
2. Straßenverbreiterungen (Ausbau des Sommerweges, Kurvenbegradigungen usw.) und
3. Verkehrswege, die neu ausgebaut werden sollen (z. B. Straßen, deren Decken durch starken Verkehr zerstört wurden — Generalreparaturen).

Besonders die unter 3. genannten Arbeiten gehören unseres Erachtens zum überwiegenden Teil nicht in das Aufgabengebiet der Ingenieurgeologie. Es handelt sich meist um rein bautechnische Maßnahmen, die ein erfahrener Straßenbaubetrieb mit eigenen Laboratoriumseinrichtungen selbst lösen kann und muß. Eine ingenieurgeologische Begutachtung für die unter 3. genannten Anträge sollte nur dann erfolgen, wenn die Schadensursache oder die frühzeitige Zerstörung des Verkehrsweges auf den geologischen Untergrund zurückgeführt werden muß. In allen anderen Fällen dürfte eine kurze Erklärung über die Art der Schäden genügen. Die beste ingenieurgeologische Begutachtung kann nicht so viel aussagen wie das natürlich abgelaufene Experiment, dessen Ergebnis die reparaturbedürftige Straße ist. Den Aufbau der alten Straße kennt aber der Bauingenieur viel besser als der Ingenieurgeologe.

Eine große Aufgabe fällt dem Ingenieurgeologen bei der Bearbeitung von Neutrassierungen zu. Hier hat er eine Trasse zu begutachten, die gewisse Zwangspunkte enthält, die überwiegend durch ökonomische, verkehrstechnische und morphologische Verhältnisse bedingt sind. Die Aufgabe des Ingenieurgeologen ist es, die Anpassung des Verkehrsweges an den natürlichen Untergrund zu untersuchen bzw. dem planenden Ingenieur die nötigen Unterlagen in die Hand zu geben, mit deren Hilfe er aus Bauwerk und Untergrund eine Einheit herstellen kann.

III. Die ingenieurgeologische Kartierung

In der Methodik der ingenieurgeologischen Kartierung, die im Jahre 1960 auf einer Arbeitstagung der

Gruppe Geologie beim RgW in Berlin beschlossen wurde, heißt es: „Aufgabe der ingenieurgeologischen Kartierung ist es, dem Planer und Bauingenieur eine kartenmäßige Unterlage für die Planung und Projektierung von Bauwerken aller Art in die Hand zu geben, aus der er Flächen gleicher ingenieurgeologischer Bedingungen ersehen kann. Die ingenieurgeologische Karte ist die flächenmäßige Projektion aller wichtigen ingenieurgeologischen Gegebenheiten des oberen Teils der Erdrinde“ (Methodik 1961).

Auf Objekte des Straßenbaues angewandt, bedeutet dies, daß die ingenieurgeologische Karte nicht nur auf einige Fragen Auskunft geben, sondern so beschaffen sein muß, daß der Planer in der Lage ist, die zweckmäßigste Trassierung selbst zu erkennen.

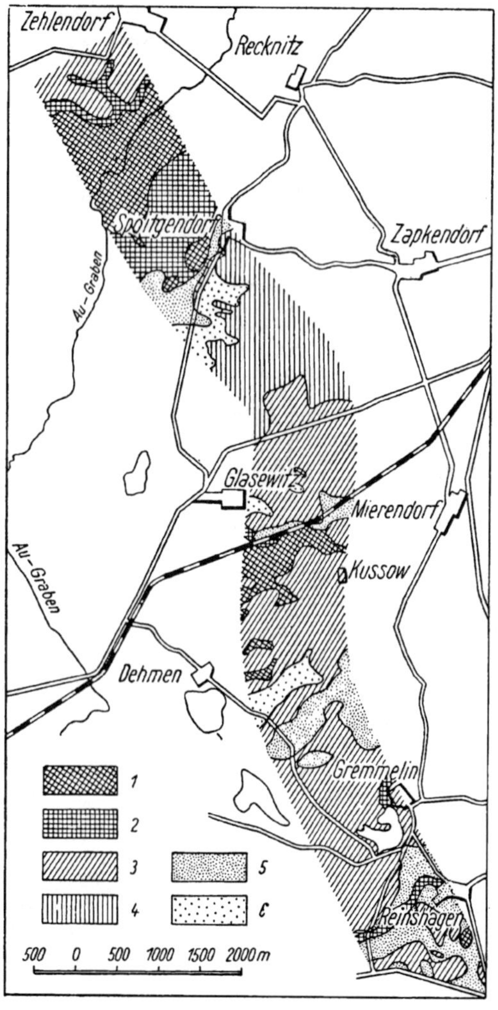

Abb. Ingenieurgeologische Spezialkarte für den Straßenbau. Karte der ingenieurgeologischen Einheiten

1 — Torf und humose Schichten mit Mächtigkeiten über 2 m bei sehr hohem Grundwasserstand; Untergrund Geschiebemergel oder Sand; 2 — Torf oder stark humose Schichten in geringerer Mächtigkeit als 2 m auf verschiedenem Untergrund bei sehr hohem Grundwasserstand; 3 — bindige Gesteine (Geschiebemergel), stellenweise mit geringmächtiger Decke rolliger Gesteine, frostveränderlich, wasserstauend; 4 — bindige Gesteine (Geschiebemergel) und rollige Gesteine (Kiese und Sande) in schnellem horizontalem und vertikalem Wechsel (Stauchmoräne). Schichten teils wasserstauend, teils tiefer Grundwasserstand. Verhalten gegen Frost unterschiedlich; 5 — ziemlich gleichkörnige Sande, meist mit Grundwasserständen tiefer als 2 m unter Flur, frostsicher — frostempfindlich; 6 — Kiese und Sande verschiedener Korngröße, meist trocken, frostsicher

Die Ausgliederung ingenieurgeologischer Einheiten sollte neben der Eignung des Untergrundes als Baugrund auch die Möglichkeit seiner Verwendung als Baustoff berücksichtigen.

Die Grundlage für die Kartierung bildet das geologische Kartenmaterial des vorgesehenen Raumes, das allerdings die erforderliche Genauigkeit haben muß. Ist eine geologische Karte nicht vorhanden, so ist eine komplexe ingenieurgeologische Aufnahme durchzuführen, d. h., im Zuge der ingenieurgeologischen Kartierung muß eine geologische Karte angefertigt werden.

Die ingenieurgeologische Spezialkarte Autobahn Berlin—Rostock (Abschnitt Güstrow), M 1:25000

Im Rahmen früherer Bearbeitungen hatten die Ingenieurgeologen der Staatlichen Geologischen Kommission, VEB Geologische Erkundung Nord, ingenieurgeologische Gutachten zur Perspektiv- und Vorplanung für die einzelnen Streckenabschnitte erstattet. Die Verfasser übernahmen es (im Rahmen eines RgW-Auftrages), als Beispiel einer Straßenbegutachtung einen Teilabschnitt dieser Autobahn ingenieurgeologisch aufzunehmen und als Spezialkarte für das Projekt darzustellen. Zu diesem Zweck wurde ein zwischen der F 104 (Güstrow—Teterow) und der Ortschaft Zehlendorf östlich der F 103 (Güstrow—Rostock) liegendes Gebiet ausgewählt. Im Bereich dieses Trassenabschnitts kommen die für die gesamte Trasse charakteristischen geologischen Einheiten vor, darunter auch die, die bautechnisch gesehen zu den schwierigsten Stellen der Trasse zählen.

Zur Kartierungsmethodik

Geologische Spezialkarten im Maßstab 1 : 25000 sind für den mecklenburgischen Raum mit einigen Ausnahmen nicht vorhanden. Geologische Unterlagen gab es für das Kartierungsgebiet lediglich in Form von Gutachten oder Ergebnisberichten der Fachgebiete Ingenieurgeologie, Hydrogeologie und „Steine und Erden“ für Einzelobjekte.

Die ingenieurgeologischen Gutachten, die durch den VEB Geologische Erkundung Nord für die Autobahntrasse erstattet worden waren, hatten nur nichtveröffentlichte geologische Übersichtskarten im Maßstab 1 : 200000 als Grundlage. Für genauere Untersuchungen und weitere Darstellungen wurden mechanische Bohrungen und Handsondierungen durchgeführt. Zur Anfertigung einer Spezialkarte reichten diese Unterlagen allein nicht aus. Deshalb erfolgte eine geologische Neuaufnahme des Gebietes auf der Grundlage des Maßstabes 1 : 10000 mit der Genauigkeit des Maßstabes 1 : 25000.

Die Geländeaufnahme erstreckte sich beidseitig der Achse mit einer Breite von 500 m, so daß insgesamt ein Streifen von 1 Kilometer Breite kartiert wurde. Der durchschnittliche Abstand der Handsondierungen lag etwa zwischen 150 und 200 Metern. Die Teufe der Sondierungen betrug 2—3 Meter. Die Gesamtzahl der Peilstangenbohrungen beläuft sich auf 251. Weiterhin wurden zahlreiche natürliche Aufschlüsse und die Ergebnisse der mechanischen Bohrungen ausgewertet, die im Stadium der Vorplanung gestoßen worden waren, so daß insgesamt etwa 30—35 Aufschlüsse pro Quadratkilometer zur Verfügung standen.

Zur Ermittlung von Gesteinskennziffern wurden gestörte Proben entnommen. Die Feldarbeiten wurden für den 11 km langen Trassenabschnitt von mittlerer Kompliziertheit innerhalb von zwei Wochen abgeschlossen. Bei diesen Arbeiten waren von der AG Ingenieurgeologie des Zentralen Geologischen Instituts 1 Diplom-Geologe, 1 Geologie-Ingenieur sowie zwei Hilfskräfte 2 Wochen und vom VEB Geologische Erkundung Nord, Arbeitsgruppe Ingenieurgeologie, 1 Ingenieur und 2 Hilfskräfte 3 Tage im Gelände tätig.

Die Teilblätter der ingenieurgeologischen Spezialkarte

Aufschlußkarte

In diese Karte sind alle Beobachtungspunkte eingetragen. Verschiedene Zeichen geben Auskunft über die Art und Tiefe der Aufschlüsse. Weiterhin ist anhand der Zeichengebung ersichtlich, ob der Aufschluß geologisch aufgenommen wurde und ob Untersuchungen an Proben ausgeführt wurden. Bezüglich der Zeichen verweisen wir auf BACHMANN & REUTER (1962).

Geologische Karte

Auf stratigraphisch-lithologischer Grundlage wurden die geologischen Einheiten bis zu 2 m unter Gelände dargestellt. Zur Orientierung über die Lagerungsverhältnisse wurde ein Schnitt, der etwa in Richtung der Trasse verläuft, angefertigt.

Baugrundkarte

Die anstehenden Gesteine wurden in zwei Tiefenbereichen dargestellt. Durch Schwarz-Weiß-Signaturen werden die oberen 2 Meter kenntlich gemacht, während durch Flächenfarben gewissermaßen ein Horizontalschnitt bei etwa 2 Meter abgebildet wird. Der Mutterboden wurde kartographisch nicht berücksichtigt. Die Baugrundkarte enthält ferner Angaben über den Grundwasserstand.

Karte der ingenieurgeologischen Einheiten

Diese Teilkarte ist für den Projektierungsingenieur die wichtigste, da auf ihr Bereiche mit gleichen bautechnischen Eigenschaften eingetragen sind. Die Ausscheidung der ingenieurgeologischen Einheiten dieser Karte wurde unter Berücksichtigung der speziellen Belange des Straßenbaues vorgenommen.

Bei der Darstellung der Einheiten wurde eine schon vielfach bewährte Farbabstufung von grün über gelb nach rot gewählt, wobei der Untergrund mit günstigen Eigenschaften eine grüne Farbe erhält, während rote Farbtöne auf ungeeigneten Baugrund hinweisen. Unter Berücksichtigung der ingenieurgeologischen Verhältnisse wurden 3 Rayons ausgeschieden, die einen ähnlichen geologischen Aufbau zeigen. Eine Untergliederung in Subrayons deutet an, daß verschiedene Baumaßnahmen erforderlich sein können.

Im Rayon Ia besteht der Untergrund aus Torf und Faulschlammkalk. Die Mächtigkeit beträgt mehr als 2 Meter und der Grundwasserspiegel liegt im Niveau der Geländeoberfläche. Der tiefere Untergrund ist verschiedenartig ausgebildet.

Der Rayon Ib ist durch das Vorhandensein organischer Schichten von geringerer Mächtigkeit als 2 Meter gekennzeichnet. Auch hier ist der Grundwasserstand sehr hoch (ca. 0,20 m u. Gel.). Das Liegende des Torfes kann sowohl aus rolligen als auch aus bindigen Gesteinen bestehen.

Rayon II: Der größte Teil des Kartierungsgebietes wurde als Rayon IIa ausgeschieden. Hier stehen im Untergrund überwiegend bindige Gesteine (Geschiebemergel) an, die jedoch teilweise von Sanden überdeckt werden. Der Geschiebemergel ist frostveränderlich, und Frostschutzmaßnahmen sind erforderlich. Zwei Gebiete wurden im Bereich der Trasse als Rayon IIb ausgegliedert. Hier treten rollige und bindige Gesteine in schnellem horizontalem und vertikalem Wechsel auf. Frostschutzmaßnahmen sind nur für die bindigen Gesteine notwendig.

Rollige Gesteine wurden als Rayon III zusammengefaßt. Auch hier ließen sich zwei verschiedene Kategorien unterscheiden, die als Rayon IIIa und IIIb bezeichnet wurden. Während im Rayon IIIa gleichkörnige Sande mit einem Ungleichförmigkeitsgrad zwischen 2 und 4 vorhanden sind, bilden im Rayon IIIb sehr ungleichförmige Sande und Kiese den Untergrund.

Erläuterungen

Dem Kartenwerk ist ein ausführlicher Erläuterungstext beigegeben, der nach folgenden Gesichtspunkten gegliedert ist:

a) Geomorphologie und Hydrographie,
b) geologischer Bau,
c) Hydrogeologie,
d) ingenieurgeologische Verhältnisse,
e) Bewertung der Baustoffe,
f) Schichtenverzeichnisse der mechanischen Bohrungen und Handsondierungen,
g) Tabellen mit den Ergebnissen der Laboratoriumsuntersuchungen.

Zusammenfassung

In den vorausgegangenen Ausführungen wird ein kurzer Überblick über eine ingenieurgeologische Spezialkarte gegeben, die im Rahmen der Begutachtung der geplanten Autobahn Berlin–Rostock für einen Teilabschnitt angefertigt wurde. Den speziellen Ausführungen wurden einige grundsätzliche Bemerkungen über die Begutachtung von Verkehrstrassen vorangestellt.

Die Erfahrungen bei der Anfertigung derartiger ingenieurgeologischer Karten zeigen, daß sich diese Arbeitsmethode durchaus bewährt hat und bei einem Großobjekt, wie es die Autobahn darstellt, stets angewendet werden sollte.

Резюме

Дается краткий обзор об инженерно-геологической специальной карте, составленной в рамках экспертизы запланированной автострады Берлин-Росток для определенного участка этой автострады. До специальных изложений были сделаны некоторые принципиальные замечания об оценке трасс сообщения.

О пыты при составлении таких инженерно-геологических карт показывают, что этот метод работы оправдал себя; в случае проведения крупного объекта, как, напр., при постройке автострады, всегда целесообразно было бы пользоваться этим методом.

Summary

A special engineering-geological map compiled for a section of the scheduled motor road Berlin–Rostock within the scope of an expertise is briefly reviewed. The particulars are preceded by some fundamental observations on the expertise of traffic roads.

Experiences made with the compilation of such engineering-geological maps show that this procedure has entirely proved useful, and should always be applied to a large-scale project as it is represented by a motor road.

Literatur

BACHMANN, G., K. MARQUARDT & F. REUTER: Ingenieurgeologische Spezialkarte Autobahn Berlin – Rostock (Abschnitt Güstrow). – Erläuterungen, Berlin 1962.

BACHMANN, G. & F. REUTER: Die komplexe ingenieurgeologische Untersuchung und Fragen ihrer Wirtschaftlichkeit am Beispiel der ingenieurgeologischen Detailkarte der Stadt Bad Frankenhausen. – Z. angew. Geol., 8, 8, 408–414, Berlin 1962.

MARQUARDT, K.: Ingenieurgeologisches Gutachten für die Autobahn Rostock – Berlin (Vorplanung), 1961 (unveröffentlicht).

Methodik der ingenieurgeologischen Kartierung und der Aufstellung ingenieurgeologischer Karten. – Z. angew. Geol., 7, 3, Berlin 1961.

ZARUBA, Q. & V. MENCL: Ingenieurgeologie. – Akademie-Verlag, Berlin – Verlag der Tschechoslowakischen Akademie, Prag 1961.

Instruktion zur Anwendung der „Klassifikation der Lagerstättenvorräte an Erdöl und Erdgas" auf Erdöl-Erdgas-Lagerstätten der DDR

1. Erdöl-Erdgas-Instruktion vom 22. 11. 1962

INHALT

1. Die Rohstoffe Erdöl und Erdgas und ihre Lagerstätten in der DDR

1.1. Erdöl und Erdgas sind wichtige Energieträger und wertvolle Rohstoffe vor allem für die chemische Industrie.

1.1.1. Erdöl ist ein Gemisch verschiedener Kohlenwasserstoffe. Nach den überwiegend vorhandenen chemischen Verbindungen werden gewöhnlich paraffinbasische, gemischtbasische und naphthenbasische Öle sowie deren Kombinationen unterschieden. Seltener sind aromatische Öle. Neben Kohlenwasserstoffen sind meist in geringeren Mengen sauerstoff-, schwefel- und stickstoffhaltige Verbindungen anwesend.

1.1.2. Erdgas ist ein Naturgas, das entweder frei oder im Erdöl oder Wasser gelöst auftritt[1]). Naturgase sind ein Gemisch verschiedener Gase. Volkswirtschaftlich sind die brennbaren Gase (Kohlenwasserstoffe) von überragender Bedeutung. Neben Kohlenwasserstoffen enthalten sie oft Stickstoff, Kohlendioxyd, Schwefelwasserstoff und Edelgase.

1.2. Die Eigenschaften des Erdöls und des Erdgases bestimmen wesentlich die Technologie ihrer Verarbeitung, die zu erzeugenden Fertigprodukte bzw. den industriellen Einsatz der Rohstoffe.

1.2.1. Neben der Dichte des Erdöls ist besonders seine fraktionelle Zusammensetzung von Bedeutung, der Gehalt an Harzen, Asphalten, Paraffinen und Schwefel, seine Viskosität, sein Stockpunkt und die Menge des im Erdöl gelösten Gases. Roherdöl enthält in der Regel in wechselnden Mengen Wasser, das aus dem Rohstoff entfernt werden muß, und sogen. mechanische Verunreinigungen (Sand, Ton usw.).

1.2.2. Für die technologische Verarbeitung von Erdgas ist neben seiner Dichte dessen Zusammensetzung aus Methan, Äthan, Propan, Butan bis Pentan und noch schwereren Kohlenwasserstoffen von Bedeutung. Die meist in geringen Anteilen auftretenden inerten Gase (insbesondere Helium und Argon) gewinnen bereits bei relativ geringen Gehalten industrielle Bedeutung. Benzin- und Kondensatgehalte — wie sie für nasse Gase typisch sind — sind erwünschte Nebenprodukte. Stickstoff, Schwefelwasserstoff und Kohlendioxyd gelten bei geringen Gehalten und Gasmengen als schädliche Beimengung bzw. als Ballast. Bei entsprechenden Voraussetzungen können sie wirtschaftlich genutzt werden.

1.3. Erdöl- und Erdgaslagerstätten[2]) können aus einem Lager[2]), d. h. einer einzelnen elementaren Erdöl- und (oder) Erdgasakkumulation, oder mehreren Lagern bestehen. Form und Größe der Lager, Charakter und Verhalten der Speichereigenschaften sowie die tektonischen Verhältnisse des Lagers bestimmen weitgehend die Methodik der geologischen Untersuchung und ihren erforderlichen Umfang. Nach diesen Kriterien können Erdöl-Erdgas-Lager folgenden Typen zugeordnet werden:

1.3.1. Typ I
Großflächige Lager einfacher Form und Tektonik mit relativ gleichbleibender Mächtigkeit und relativ einheitlichen Speichereigenschaften bzw. solche, bei denen sich Mächtigkeit und Speichereigenschaften gesetzmäßig in bestimmten Richtungen verändern.

1.3.2. Typ II
a) Großflächige Lager mit einfacher Form und Tektonik, jedoch wechselnden Mächtigkeiten und (oder) Speichereigenschaften oder
b) komplizierter Form und (oder) tektonisch zerstückelt, jedoch mit relativ aushaltenden Mächtigkeiten und (oder) Speichereigenschaften bzw. gesetzmäßigen Veränderungen in bestimmten Richtungen. Ferner:
c) kleine Lager einfacher Form und Tektonik mit relativ aushaltenden Mächtigkeiten und Speichereigenschaften.

1.3.3. Typ III
a) Großflächige Lager komplizierter Form und Tektonik mit wechselnden Mächtigkeiten und Speieigenschaften. Ferner:
b) kleine Lager mit einfacher Form und Tektonik, jedoch wechselnden Mächtigkeiten und (oder) Speichereigenschaften oder
c) komplizierter Form und (oder) tektonisch zerstückelt, jedoch mit relativ aushaltenden Mächtigkeiten und (oder) Speichereigenschaften bzw. gesetzmäßigen Veränderungen in bestimmten Richtungen.

1.3.4. Typ IV
a) Kleine Lager komplizierter Form bzw. tektonisch zerstückelt sowie mit wechselnden Mächtigkeiten und Speichereigenschaften. Ferner:

[1]) Die aus Steinkohlenflözen genutzten Gase werden in dieser Instruktion nicht berücksichtigt.

[2]) s. Begriffsbestimmungen der ZVK

b) klüftige Speicher in Karbonatgesteinen unabhängig von ihrer Größe.

1.3.5. In der Natur werden Erdöl- und Erdgaslager angetroffen, die nach ihren Kriterien Übergänge eines Typs zu einem anderen darstellen und ihre Einordnung erschweren. Im Bericht zur Vorratsberechnung ist in jedem Falle eine Begründung für die getroffene Entscheidung zu geben.

1.3.6. In einer Lagerstätte können Lager verschiedener Typen auftreten.

2. Die Untersuchung der Lagerstätte, der Lager und des Rohstoffes

2.1. Die durchgeführten Untersuchungen können nur dann als ausreichend und ihre Methodik als richtig angesehen werden, wenn sie zuverlässige Daten zur Berechnung der Vorratsmenge, eine umfassende Beurteilung des Rohstoffes sowie der Perspektiven der Lagerstätte hinsichtlich ihrer flächen- und teufenmäßigen Erstreckung ermöglichen und die Ausgangsdaten zur Begründung des Abbauprojektes liefern[3]).

2.2. Die Vollständigkeit der erforderlichen Untersuchungen (Untersuchungsgrad = Erkundungsgrad + Erforschungsgrad) bestimmt die Klasseneinstufung der Vorräte.

2.2.1. Der Erkundungsgrad einer Lagerstätte und ihrer Lager wird charakterisiert durch:

2.2.1.1. die Anzahl und Lage der für jedes Lager niedergebrachten Bohrungen, die Anzahl der getesteten Bohrungen und der Produktionsversuche[4]).
Die Erkundungsabstände können bei Berücksichtigung von Pkt. 1.3.5. nicht allgemein verbindlich vorgeschrieben werden. Die in der Tabelle genannten Richtwerte entsprechen der bisherigen Erfahrung, dürfen jedoch keinesfalls mechanisch übernommen werden. Der Nachweis, daß die gewählten Erkundungsabstände den vorliegenden geologischen Verhältnissen entsprechen, ist in jedem Falle — auch bei Übernahme der Richtwerte aus der Tabelle — zu führen;

Tab. Richtwerte für die Bohrlochabstände (in Metern)

Typ des Lagers	Klasse A	Klasse B
I	1000	2000
IIa b c	800	1600
IIIa b	600	1200
IVa (klüftige Sp.)	400 abhängig von den individuellen Besonderheiten	800

2.2.1.2. die in den abgeteuften Bohrungen durchgeführten geophysikalischen Messungen (aus den im betr. Falle effektiven), den Umfang der gekernten Bohrstrecken (und den Kerngewinn in diesen) sowie der Spülproben, die durchgeführten Beobachtungen über Bohrfortschritt, Wasserzuflüsse, Spülungsverluste, gelöstem Gas in der Spülung u. a.;

2.2.1.3. die durchgeführten geologischen, geophysikalischen und geochemischen Kartierungsarbeiten.

2.2.2. Der Erforschungsgrad einer Lagerstätte und ihrer Lager wird charakterisiert durch:

2.2.2.1. Art und Qualität der Auswertung aller Beobachtungen und geeigneten Messungen zur Klärung des Baus der Lagerstätte, des Regimes der einzelnen Lager, der Feststellung der vorhandenen Rohstoffarten und ihrer Verbreitung in der Lagerstätte sowie zur einwandfreien Charakteristik jener Faktoren, welche die Technologie der Förderung und Verarbeitung des Rohstoffes bestimmen;

2.2.2.2. die Feststellung ausreichender Ausgangsdaten für die exakte Bestimmung jener Parameter, die in die Berechnungsformeln der Vorräte eingehen oder zur Konstruktion solcher Kurven dienen, auf die sich die Berechnung stützt;

2.2.2.3. die allseitige Untersuchung der stofflichen Zusammensetzung des Rohstoffes und seiner physikalischen und physiko-chemischen Eigenschaften.

2.3. Das geologische Untersuchungsprogramm muß stets auf die vorliegenden geologischen Verhältnisse und die gestellten Aufgaben abgestimmt werden. Unabhängig von diesen Festlegungen werden von der ZVK folgende allgemeine Forderungen erhoben:

2.3.1. Die Arbeiten müssen eine möglichst umfassende Einschätzung der Lagerstätte in ihrer flächenhaften Verbreitung und nach der Teufe ermöglichen. Deshalb müssen wenigstens einzelne Bohrungen das gesamte produktive Profil untersuchen, in bestimmten Fällen — wenn das technisch möglich ist — das Fundament erreichen.

2.3.2. In jeder einzelnen Erkundungsbohrung muß — zur Begründung der Vorratsberechnung — ein obligatorischer Untersuchungskomplex durchgeführt werden:

2.3.2.1. die Bestimmung der lithologisch-petrographischen Eigenschaften der produktiven Horizonte und des Nebengesteins (aus Kern, seitlich entnommenen Gesteinsproben, Spülproben sowie geophysikalischen Bohrlochmessungen);

2.3.2.2. die Bestimmung der offenen Porosität, der Permeabilität (parallel und senkrecht zur Schichtung), der Erdöl-, Erdgas- und Wassersättigung der Speicher, der Klüftung, Körnung und des Karbonatgehaltes des Speichergesteins;

2.3.2.3. die Bestimmung der Mächtigkeit, Porosität und Erdöl-Erdgas-Sättigung der Schichten;

2.3.2.4. die eindeutige Korrelation der Schichten im Bohrprofil mit Hilfe geophysikalischer Messungen, die Bestimmung der Bohrlochabweichungen (Zenitwinkel und Azimut) und des Bohrlochdurchmessers, des spezifischen Widerstandes der Spülung u. ä.

2.3.2.5. Bei Antreffen von nutzbaren festen Rohstoffen im Nebengestein (insbes. Kalisalzen und Eisenerzen) sind entsprechende Spezialmessungen in solchem Umfange durchzuführen, wie zur Ausgliederung solcher Schichten und ihrer qualitativen Charakterisierung notwendig ist.

2.3.2.6. Jeder erdöl-erdgashöffige Horizont ist auf Zufluß von Schichtflüssigkeit oder Gas zu testen. In Bohrungen, die zur Begründung von A-Vorräten dienen, sind Versuchsförderungen (Probeexploitation) durchzuführen. Bei geringer Permeabilität der Speicher müssen zusätzliche Arbeiten (Intensivierungsverfahren wie Säuren, Hydrofrac u. a.) durchgeführt werden.

2.3.3. Beim Testen und während der Versuchsförderungen müssen bestimmt werden:

2.3.3.1. für Erdöl: die Zusammensetzung nach Fraktionen und Gruppen, sein Harz-, Asphalt-, Paraffin- und Schwefelgehalt; die Viskosität sowie Dichte (für Schicht- und Oberflächenverhältnisse), Stock- und Flammpunkt sowie Heizwert; der Gassättigungsdruck des Erdöls, die Gaslöslichkeit im Öl, die Veränderungen des Erdölvolumens bei verschiedenen Drücken; die Elastizitätsmodule des Erdöls und des Wassers; das Gas-Öl-Verhältnis, die Drücke und Temperaturen der produktiven Schichten;

2.3.3.2. für im Erdöl gelöste Gase und freies Gas: die Dichte (bezogen auf Luft), der Heizwert, die chemische Zusammensetzung in Volumenprozenten (Methan, Äthan, Propan, Butan bis Pentan und noch schwerere Kohlenwasserstoffe sowie Helium, Schwefelwasserstoff, Kohlendioxyd und Stickstoff, ferner der Anteil der Gasolinfraktionen);

2.3.3.3. für Kondensat: sein Gehalt bei Schichtverhältnissen; die Menge des stabilen Kondensats, das unter verschiedenen Separationsverhältnissen aus-

[3]) Die erhaltenen Daten dienen ferner zur Einschätzung analoger Lager in der näheren Umgebung und deren Höffigkeit (Prognostische Vorräte).
[4]) s. Begriffsbestimmungen der ZVK zu „Test" und „Produktionsversuche"

fällt; die fraktionelle Zusammensetzung und die Dichte des Kondensats;

2.3.3.4. in allen Fällen: Schicht- und Sohlendruck, Schichttemperatur und statisches Niveau, anfallende Wassermenge (wenn Wasser mitgefördert wird) und sonstige Verunreinigungen sowie die Tagesförderrate;

2.3.3.5. bei Versuchsförderungen außerdem der Produktivitätskoeffizient und die Abgabe von Erdöl, Erdgas, Kondensat und Wasser bei verschiedenen Arbeitsregimen der Bohrungen; die Tages- und Monatsförderrate bei ununterbrochener Förderung und wenn möglich das Regime[5]) des Lagers;

2.3.3.6. in Gassonden sind der Schicht- und statische Druck (mit geeichten Manometern) sowie der Kopf- und Fließdruck zu messen und Kurven des Druckanstiegs und des Förderdrucks anzufertigen.

2.3.4. Bei der Erkundung ist der Untersuchung der hydrogeologischen Verhältnisse besondere Sorgfalt zu erweisen (Sohlen-, Rand-, Zwischen- und Schichtwässer).

2.3.4.1. Es müssen bestimmt werden: ihre hydrodynamischen Besonderheiten und chemische Zusammensetzung (einschließlich pH-Wert und der Bestimmung wertvoller Begleitkomponenten wie Jod, Brom, Bor, Lithium u. a.); die Menge und Zusammensetzung der im Wasser gelösten Gase; die räumliche Lage der Kontakte zwischen Erdöl, Gas und Wasser und die Mächtigkeiten der Übergangszonen.

2.3.4.2. Wurden außerhalb und am Umriß der Erdöl-Erdgas-Führung Bohrungen niedergebracht, ist zur Klärung der Flutungsmöglichkeiten die Wasseraufnahmefähigkeit der betreffenden Schichten zu ermitteln.

2.3.4.3. Im Verlaufe der Probeförderung (oder der industriellen Förderung auf exploitierten Flächen) sind zweckmäßigerweise in nicht weniger als zwei außerhalb des Lagerstättenumrisses gelegenen Bohrungen, die Wasserzuflüsse hatten, systematische Beobachtungen des Schichtdruckes durchzuführen.

2.3.4.4. Durch hydrogeologische Beobachtungen und ihre Auswertung, in Verbindung mit aus benachbarten Lagerstätten vorliegenden Daten, müssen die wahrscheinlichen Speisungs- und Entlastungsgebiete, die Größen und die Veränderung des Druckes sowie der chemischen Zusammensetzung der Wässer ermittelt werden.

2.3.5. Als Ergebnis aller Untersuchungen müssen festgestellt sein:

2.3.5.1. der geologische Bau der Lagerstätte (das lithologisch-stratigraphische Profil, die Lage der erdöl- und erdgasführenden Horizonte im Profil, die strukturellen Formen der einzelnen stratigraphischen Komplexe und produktiven Schichten) und der Charakter des (der) Speichers;

2.3.5.2. die Höhenlage des Gas-Wasser-, des Gas-Öl- und des Wasser-Öl-Kontaktes, die Mächtigkeit der Übergangszonen, die Umrisse der Öl-Gas-Führung, die Formen und Ausmaße der Lager;

2.3.5.3. die Mächtigkeit der produktiven Schichten (die gesamte und die effektive);

2.3.5.4. die Porosität, Klüftigkeit, Permeabilität, der Tongehalt, die Körnung und der Karbonatgehalt der produktiven Schichten, Größe und Richtung (Gradienten) der festgestellten Veränderungen;

2.3.5.5. die Erdöl- und Erdgassättigung der Schichten in Verbindung mit der Bestimmung des Haftwassers in verschiedenen Teilen des Lagers;

2.3.5.6. die Schichtdrücke und Temperaturen der Schichten sowie die übrigen zur Berechnung der Parameter erforderlichen Ausgangsdaten;

2.3.5.7. wenn möglich, das Regime der einzelnen Schichten.

3. Die Einstufung der Vorräte in die Vorratsgruppen und -klassen

Die Bestimmungen der „Klassifikation der Lagerstättenvorräte an Erdöl und Erdgas" zur Einstufung der Vorräte werden für die Erdöl- und Erdgaslagerstätten wie folgt angewendet:

3.1. Einstufung in die Vorratsgruppen

3.1.1. Die Einstufung in die Vorratsgruppen erfolgt auf Grund der von der Staatlichen Plankommission bestätigten Konditionen.

3.1.2. Die untere Grenze der Berechnung von Außerbilanzvorräten wird für Erdöl und Erdgas in Abhängigkeit von der Rohstoffqualität und den Förderbedingungen für jeden konkreten Fall in der Kondition festgelegt.

3.1.3. Prognostische Vorräte entsprechend Pkt. 2.3. und 3.1.5. u. 3.1.6. der Klassifikation werden für größere geologische Einheiten, in Ausnahmefällen für Teile großer Strukturen gesondert berechnet. Sie werden von der ZVK kontrolliert, begutachtet, jedoch nicht bestätigt.

3.2. Einstufung in die Vorratsklassen

3.2.1. Zur Klasse A gehören Vorräte, wenn sie so untersucht wurden, wie das Pkt. 3.1.1. der Vorratsklassifikation vorschreibt. Dazu ist u. a. erforderlich:

3.2.1.1. das Niederbringen von Bohrungen in Abständen, die den Richtwerten für Klasse A der Tabelle entsprechen oder den konkreten Verhältnissen angepaßt sind;

3.2.1.2. die allseitige Auswertung der Bohrungen zwecks eindeutiger Ermittlung der Lage der produktiven Schichten, ihres flächenhaften Aushaltens, ihrer lithologischen Zusammensetzung und Mächtigkeit (gesamt und effektiv), der Speichereigenschaften der Schichten (Porosität, Klüftung und Permeabilität unter Berücksichtigung der Kornzusammensetzung des Gesteins), ihrer Erdöl- und Erdgassättigung innerhalb der Berechnungsfläche;

3.2.1.3. das Testen der produktiven Schichten und die Durchführung einer Versuchsförderung; dabei müssen festgestellt worden sein: die qualitative und quantitative Zusammensetzung des Erdöls, des Erdgases und des Wassers für die einzelnen produktiven Schichten; die ursprüngliche und die derzeitige Förderrate an Öl und Wasser, die ursprüngliche und die derzeitige Gasabgabe und dessen Gehalt an Kondensat und Edelgasen; die ursprünglichen und die derzeitigen Schichtdrücke, der Sättigungsdruck, das Gas-Öl-Verhältnis sowie ihre Veränderung im Laufe der Förderung.
Die Dauer der ununterbrochenen Versuchsförderung muß für Erdölsonden nicht weniger als 10—15 Tage, für Gassonden nicht weniger als 1—2 Tage betragen haben. War die Förderleistung während der genannten Zeit sehr schwankend, ist der Versuch zu verlängern.

3.2.1.4. Aus fördernden Sonden müssen außerdem folgende Angaben vorliegen: die monatlichen Förderraten für Erdöl, Erdgas und Wasser; die Veränderungen in der Lage des Erdöl-Wasser- und des Gas-Wasser-Kontaktes, der Umrisse der Erdöl- und Gasführung sowie des Schichtdruckes;

3.2.1.5. Für das Lager als Ganzes müssen eingehend untersucht sein: die hydrogeologischen Verhältnisse, das Regime des Lagers und die Höhenlage der Kontakte Gas-Erdöl-Wasser.

3.2.1.6. Bei der Berechnung von Gasvorräten der Klasse A nach der Methode des Druckabfalles müssen festgestellt sein:
der tektonische Bau der produktiven Schichten; die Mächtigkeit und der Charakter ihrer Veränderung; die Höhenlage des Gas-Wasser-Kontaktes; die Isoliertheit des Gaslagers; der statische und der Schichtdruck, die Gastemperatur in der Schicht; die Förderrate der Gasbohrungen und ihre Veränderungen in der Zeit; die Zusammensetzung des Gases und, wenn Kondensat auftritt, dessen Menge und Zusammensetzung; die hydrogeologischen Verhältnisse und das Regime des Lagers.

3.2.1.7. Vorräte in klüftigen Speichern dürfen, selbst wenn alle Bedingungen für die Klasse A erfüllt wurden, gem. Pkt. 3.1.1. der Klassifikation nicht in Klasse A eingestuft werden.

---
[5]) s. Begriffsbestimmungen der ZVK

3.2.2. Vorräte gehören zur Klasse B, wenn sie so untersucht wurden, wie das Pkt. 3.1.2. der Klassifikation vorschreibt. Dazu ist u. a. erforderlich:

3.2.2.1. das Niederbringen von Bohrungen in Abständen, die den Richtwerten für Klasse B der Tabelle entsprechen oder den konkreten Verhältnissen angepaßt sind. Dabei müssen für die Bohrungen günstige Bohrlochmeßergebnisse vorliegen und in mindestens zwei von diesen Bohrungen, die das Lager in verschiedenen Höhen durchteuft haben, ein industriell nutzbarer Zufluß an Erdöl oder Erdgas erhalten worden sein.

3.2.2.2. Auf der Berechnungsfläche für B-Vorräte müssen die Lagerungsverhältnisse der produktiven Schichten, das Ausmaß ihres flächenhaften Aushaltens, ihre lithologische Zusammensetzung, gesamte und effektive Mächtigkeit, ihre Speichereigenschaften (offene Porosität, Permeabilität), die Öl-Gas-Sättigung und ihre Veränderung in horizontaler und vertikaler Richtung in allen wesentlichen Fragen, die Qualität des Erdöls, Erdgases, Kondensats und des Schichtwassers vollständig untersucht sein.

3.2.2.3. Nach den Testergebnissen aus mindestens zwei Bohrungen müssen bestimmt sein: die Öl-, Gas- und Wasserabgabe, der Schichtdruck, der statische Druck für Gas, außerdem der Sättigungsdruck, der Produktivitätskoeffizient.

3.2.2.4. Für das ganze Lager müssen die Umrisse der Gas-Erdöl-Wasser-Kontakte ermittelt worden sein.

3.2.2.5. Das Schichtregime wird — wenn keine A-Vorräte vorliegen — in Analogie zu gleichartigen benachbarten Schichten mit bekanntem Regime angenommen.

3.2.2.6. Bei der Berechnung von Gasvorräten der Klasse B nach der Methode des Druckabfalles müssen festgestellt sein: die Höhenlage des Gas-Wasser-Kontaktes, die Isoliertheit des Lagers, der statische und der Schichtdruck, die Schichttemperatur, die Zusammensetzung des Gases und — bei Anwesenheit von Helium oder Kondensat — seine Menge und die Zusammensetzung des Kondensates. Andere Charakteristiken der produktiven Schicht können ohne solche Exaktheit angenähert bestimmt sein.

3.2.2.7. Wie Klasse B erkundete Vorräte müssen gem. Pkt. 3.1.3. der Klassifikation in C_1 eingestuft werden, wenn innerhalb der Berechnungsfläche schroffe lithologische Veränderungen oder das Auskeilen der produktiven Schicht festgestellt wurde oder die Produktivität durch die niedergebrachten Bohrungen nur unzureichend bestätigt wurde.

3.2.3. Vorräte gehören zur Klasse C_1, wenn sie so untersucht wurden, wie das Pkt. 3.1.3. der Klassifikation festlegt. Dazu ist u. a. erforderlich:

3.2.3.1. bei neuentdeckten Vorräten — der Nachweis für das Vorhandensein einer Falle, die Bestimmung (nach einzelnen Bohrungen) der lithologischen Zusammensetzung, Mächtigkeit, Porosität, der Schichtdrücke und der Erdöl-Erdgas-Sättigung der produktiven Schicht.

3.2.3.2. Bei aushaltenden Schichten können Mächtigkeit, Speichereigenschaften und die Erdöl-Erdgas-Sättigung der produktiven Schicht in Analogie zu benachbarten, abgebohrten Flächen eingesetzt werden.

3.2.3.3. Durch den Test der geforderten (mindestens einen) Bohrung mit industriell nutzbarem Zufluß muß die Anfangsförderrate und die Produktivität der Bohrung sowie die Qualität des Erdöls und (oder) Erdgases festgestellt worden sein.

3.2.3.4. Ist nur eine produktive Bohrung vorhanden, werden die Erdöl-Gas-Wasser-Grenzen nach dem geologischen Bau der Lagerstätte, unter Berücksichtigung der Ergebnisse geologischer und geophysikalischer Untersuchungen gezogen. Bei entsprechenden Voraussetzungen können diese Grenzen auch in Analogie zu benachbarten untersuchten Lagerstätten eingetragen werden. Die Struktur-, Fazies- oder paläogeographische Analyse der Lagerstätte kann zur Umgrenzung der Vorräte ebenfalls herangezogen werden, wenn entsprechende Unterlagen vorhanden sind.

3.2.4. Zur Klasse C_2 gehören Vorräte, die infolge geringeren Untersuchungsumfanges nicht in C_1 eingestuft werden können, und extrapolierte Vorräte in nicht untersuchten Strukturteilen, tektonischen Blöcken und Schichten, deren Produktivität auf Grund günstiger geologischer und geophysikalischer Unterlagen vorausgesetzt werden kann.
Die notwendigen Ausgangsdaten der Berechnung können — soweit sie nicht ermittelt wurden — in Analogie zu den benachbarten, untersuchten Strukturteilen, Blöcken und Schichten angenommen werden.

3.2.5. Prognostische Vorräte werden für nicht oder äußerst schwach erkundete Flächen von Großstrukturen, Formationen, öl- und gasführende Provinzen usw. berechnet.

3.2.5.1. Zur Untergruppe δ_1 (Delta—1) gehören davon solche Vorräte, die
a) nach der Methode der Analogie berechnet werden können, d. h. für die solche geologische und geophysikalische Unterlagen vorliegen, daß sie mit bereits erkundeten Flächen verglichen und entsprechend eingeschätzt werden können;
b) außerdem muß die Verbreitung von in anderen Gebieten erdöl-erdgasführenden Schichten bewiesen und die Erdöl-Erdgas-Führung mindestens in einem Punkte bewiesen worden sein.

3.2.5.2. Zur Untergruppe δ_2 (Delta—2) gehören prognostische Vorräte dann, wenn die vorliegenden geologischen und geophysikalischen Unterlagen für eine Berechnung von δ_1-Vorräten nach der Analogiemethode nicht ausreichen und insbesondere die Verbreitung von in anderen Gebieten erdöl-erdgasführenden Schichten nur vermutet wird sowie eine Erdöl-Erdgas-Führung noch nicht nachgewiesen werden konnte.

3.2.5.3. Für prognostische Vorräte werden keine Außerbilanzvorräte berechnet.

4. Festlegung zur Berechnung und Bilanzierung der Vorräte

4.1. Erdöl- und Erdgasvorräte werden auf Strukturkarten berechnet, deren Maßstab in Abhängigkeit von der flächenhaften Verbreitung der Lager die erforderliche Genauigkeit der Flächenmessungen gewährleistet (1 : 5000 bis 1 : 25000).

4.2. Die Berechnung der Vorräte erfolgt gem. „Richtlinie der ZVK über Form und Inhalt von Vorratsberechnungen" in 1000 Tonnen (Erdöl) und Millionen Normalkubikmetern (Erdgas). Die Berechnungseinheit für die Nebenkomponenten richtet sich nach deren wirtschaftlicher Bedeutung, für Helium und Kondensat wird sie einheitlich mit Nm^3 festgelegt.

4.3. Die Berechnung der Erdölvorräte erfolgt nach der Volumenmethode, die entsprechend den vorliegenden Unterlagen entweder durch die statistische Methode oder die Methode der Materialbilanz zu kontrollieren ist.
Die Berechnung der im Erdöl gelösten Gasvorräte erfolgt nach der Gaslöslichkeit im Erdöl — d. h. den berechneten Erdölvorräten — unter Schichtverhältnissen, d. h. beim entsprechenden mittleren Schichtdruck.

4.4. Die Berechnung der Gasvorräte erfolgt nach der Volumenmethode oder der Methode des Druckabfalles, wenn erwiesen ist, daß industrielle Erdölmengen nicht vorhanden sind und kein aktiver Wasserdruck vorliegt. In diesem Falle müssen Unterlagen über die entnommene Gasmenge bei der Abnahme des Schichtdruckes um 1—2 Atmosphären für mehrere Zeitabschnitte vorliegen.

4.5. Die Berechnung prognostischer Vorräte an Erdöl und Erdgas darf für die Untergruppe Delta—1 nur nach der Methode der Analogie erfolgen (für Delta—2 sind auch andere Verfahren zulässig). Dazu ist die gründliche geologische Analyse des betr. Gebietes unerläßliche Voraussetzung. Ferner muß die geologische Übereinstimmung oder weitgehende Ähnlichkeit mit einem anderen, bereits untersuchten Gebiet ebenso bewiesen werden wie die

Berechtigung, im untersuchten Gebiet ermittelte Parameter (oder ihre veränderten Werte) auf die prognostische Vorratsfläche zu übertragen.

4.6. Die Vorräte einer jeden Rohstoffart (Erdöl, Erdgas, Kondensat) sind getrennt und für jedes Lager gesondert zu berechnen. Wenn die erdgas-erdölführende Schicht aus einzelnen, isolierten Linsen besteht, muß für jede Linse der Vorrat gesondert berechnet werden.

4.7. Nebenkomponenten werden in der gleichen Vorratsklasse geführt, in der die Hauptkomponenten — Erdöl und Erdgas — berechnet wurden.

4.8. Unter Normalbedingungen wird ein Druck von einer Atmosphäre und eine Temperatur von 20 °C verstanden. Der absolute Nullpunkt wird mit —273 °C eingesetzt.

4.9. Wurden bei der Erkundung auf Erdöl und Erdgas nutzbare feste Rohstoffe angetroffen, so sind ihre Vorräte getrennt zu berechnen und gleichfalls der ZVK zur Bestätigung einzureichen.
Wird diese Berechnung nicht vom Erdöl-Erdgas-Erkundungsbetrieb durchgeführt, ist im Bericht zur Vorratsberechnung mitzuteilen, an wen die entsprechenden Unterlagen zwecks Auswertung übergeben wurden.

5. Die volkswirtschaftliche Bedeutung der Vorräte

5.1. Die im Punkt 4 der Vorratsklassifikation formulierte volkswirtschaftliche Bedeutung der einzelnen Vorratsklassen und ihrer Gesamtheit wird für die Lagerstätten der DDR durch Instruktionen und Weisungen konkretisiert, welche die Staatliche Plankommission herausgibt.

5.2. Für Entscheidungen, die durch diese Weisungen nicht berührt werden, sind die entsprechenden Festlegungen der Vorratsklassifikation maßgebend.

ZENTRALE VORRATSKOMMISSION
FÜR MINERALISCHE ROHSTOFFE
DER DDR
Der Vorsitzende
Stammberger

Die tektonische Klüftung der Tafelgebiete und ihre Bedeutung für die Ausbeutung von Öllagerstätten[1)]

I. G. STJOPIN, Moskau

Die Klüftung der Sedimentgesteine ist eine außerordentlich weit verbreitete geologische Erscheinung. Dies gilt nicht nur für Faltengebiete, sondern auch für Tafeln, wo die Sedimentgesteine sehr wenig disloziert sind. Hier ist eine große Anzahl von Klüften und Spalten festzustellen, deren Studium für die Erdölgeologie von praktischem Interesse ist. In den Tafelgebieten kommen die Klüfte sowohl in relativ stark dislozierten als auch in praktisch horizontal liegenden Gesteinen vor.

Innerhalb der verschiedenen Spielarten der Klüftung in Sedimentgesteinen besitzt die tektonische Klüftung das größte Interesse für die Praxis.

Man kann auf Grund der zahlreich vorliegenden Literatur ohne Übertreibung sagen, daß in den Tafelgebieten eine gewaltige Zahl tektonischer Klüfte auftritt, die offensichtlich durch die undulösen Bewegungen der Erdkruste entstanden sind, ferner eine Folgeerscheinung der Bildung verschiedener Dislokationen und großer Brüche darstellen.

Die tektonische Klüftung ist durch Merkmale gekennzeichnet, die den charakteristischen Zügen der Klüftung anderer Formen in vielem entgegengesetzt sind. Sie zeichnet sich durch eine klar ausgeprägte Gesetzmäßigkeit in der Orientierung aus. In den meisten Fällen erfassen die Klüfte nicht nur einzelne Schichten und Horizonte, sondern ganze Serien verschiedenartig zusammengesetzter Gesteine. Ferner dringen sie tief in das Massiv der Gesteine ein.

Im Gegensatz zu den durch Verwitterung, Hangrutschungen, Erdrutsche, Scherung und Bruch entstandenen Spalten zeichnen sich die tektonischen Klüfte dadurch aus, daß sie gewöhnlich mit Calcit, Quarz, Erzmineralien (Gängen), Tonen, Sanden, Sandstein, Asphalt, Ozokerit usf. ausgefüllt sind. Außerdem dienen die tektonischen Spalten häufig als Aufstiegswege für unterirdische Wässer, Öl und Gase.

Die tektonischen Klüfte bilden gewöhnlich horizontal und vertikal aushaltende Gruppen paralleler Spalten. Bei der Analyse des von vielen Wissenschaftlern zusammengetragenen Tatsachenmaterials wurde ermittelt, daß sich die Menge der innerhalb der Schichten auftretenden Spalten reziprok zur Mächtigkeit der Schicht verhält. Andere die Intensität der Klüftung in jedem konkreten Fall beeinflussende Ursachen sind die lithologischen Besonderheiten der Gesteine. Im südlichen Teil der Sibirischen Tafel z. B. sind die Aleurolithe und Mergel klüftiger als die Sandsteine. Eine von den Wissenschaftlern sowohl auf der Russischen als auch auf der Sibirischen Tafel festgestellte, für die Erdölgeologie besonders wichtige Gesetzmäßigkeit besteht im Abklingen der tektonischen Klüftung von alten zu jüngeren Gesteinen (die Ursache ist darin zu suchen, daß die älteren Gesteine einer größeren Zahl von Schwingungsbewegungen und infolge der größeren Teufe stärkeren Belastungen ausgesetzt waren). Eine weitere Gesetzmäßigkeit besteht darin, daß die Intensität der Klüftung vom Rand der Brachyantiklinalen zum Scheitel hin um das Zwei- bis Dreifache zunimmt (weil der Scheitel die Zerrspannung aufnehmen muß).

Hinsichtlich des Charakters der Kombination tektonischer Klüfte bestehen zwei Vorstellungen. Manche nehmen an, daß die Spalten einander schneiden, andere sind der Meinung, daß bei einer gegenseitigen Berührung der Spalten die eine von ihnen verschwindet. Tatsächlich aber treten in der Natur beide Fälle auf.

Im folgenden betrachten wir die Rolle und die Bedeutung der tektonischen Klüfte für die Erdölgeologie, insbesondere bei der Erkundung und bei der Ausbeutung von Öllagerstätten.

In der Erdölindustrie beginnt man erst jetzt damit, die tektonische Klüftung zu nutzen. J. N. PERMJAKOW schlug z. B. vor, die strukturgeologische Kartierung auf der Tafel anhand der tektonischen Klüftung durchzuführen. Stellenweise (im Gebiet von Uchta) wird die tektonische Klüftung in breitem Maße beim bergmännischen Abbau (Schächte) der Öllager ausgenutzt.

Zur Erzielung künstlicher Klüfte wird die hydraulische Sprengung des Erdölspeichers in immer stärkerem Maße in die Praxis eingeführt.

Besonders gut wurde die tektonische Klüftung von A. J. KREMS auf den Lagerstätten von Uchta untersucht, da diese durch Grubenbaue aufgeschlossen sind. Beim Anfahren der Schichten durch Strecken unter Tage kann man die Klüftung anschaulich erklären. Ihre Verbreitung kommt auf den Karten der Spaltentektonik, die nach den Ergeb-

1) Übersetzung des Originalartikels: W. OESTREICH. — Eingang in der Redaktion: 29. 6. 1962

nissen von Bohrungen und Grubenbauen angefertigt wurden, gut zum Ausdruck.

Ein Beispiel dieser Art ist die Karte des Rayons Uchta (Abb. 1). Die Kartierung der tektonischen Spalten auf einer Abbausohle gibt dem Erdölgeologen, wenn er den Faktor „Klufttektonik" für das auszubeutende Lager einschätzen soll, außerordentliche Vorteile. Wenn man diese Klüfte auf einer Sohle im Grubenbau untersucht, kann man auch feststellen, mit welchen von ihnen und unter welchen Bedingungen Anzeichen von Gas, Öl und Wasser zusammenhängen. So kann man die Bergleute rechtzeitig davon in Kenntnis setzen, daß sie sich beim Antreffen der Klüfte an einem bestimmten Punkt auf einen stürmischen Ausbruch gefaßt machen müssen. Die Karte der Spaltentektonik liefert ferner eine anschauliche Vorstellung von den vorherrschenden Kluftsystemen und ihrer Ausdehnung (KREMS 1955).

Bei der bergmännischen Ausbeute der Lagerstätte Uchta wurde auch die Frage des rationellsten Bohrlochabstands untersucht, unter dem Gesichtspunkt der höchsten Ölabgabe einer Schicht.

Folgende Tabelle zeigt die Ergebnisse auf der Lagerstätte Uchta.

Gruppe der Bohrungen	Abstand zwischen den Sohlen der Bohrungen (m)	Dichte der Bohrungen (pro 1 ha)	Durchschnittliche summarische Ergiebigkeit (%)	Erdölausbeute pro 1 ha (%)
UT-Bohrungen	25,0	18,2	100	100
	20,0	29,0	77	122
	18,5	33,3	68	124
	12,0	79,4	40	307
Gewöhnliche Bohrungen (von der Tagesoberfläche aus niedergebracht)	75,0	2,5	257	35

Wie aus der Tabelle hervorgeht, nimmt die maximale Ölausbeute mit abnehmendem Bohrlochabstand zu. So wächst z. B. bei einem Abstand von 12 m die Ölausbeute pro 1 ha auf 307%, während sie bei einem Abstand von 75 m 35% ausmacht, d. h. nahezu den neunten Teil beträgt. Mit zunehmender Bohrdichte oder zunehmender Menge der Bohrungen pro 1 ha nimmt folglich die maximale Ölausbeute schnell zu. Das hängt offensichtlich auch damit zusammen, daß die tektonischen Klüfte in der Mehrzahl der Fälle in Abständen von 10—20 m auftreten und die Bohrungen bei einem geringen Abstand die Kluftzone erfassen. Daher auch die schnelle Zunahme der Ölausbeute.

Die bei der bergmännischen Gewinnung aus Öllagerstätten getätigten Beobachtungen und Untersuchungen führten zu dem Schluß, daß stürmische kurzanhaltende und längere Öleruptionen, Spülverluste beim Bohren, Wassereinbrüche und -eruptionen, Ausströmen von freiem Gas, Herausschleudern von Sand und Sandsteintrümmern aus den Bohrungen, Bildung von Sandpfropfen, anomal niedrige Ölabgabe in Fördersonden, gegenseitige Beeinflussung von Bohrungen, die außerhalb des Beeinflussungsbereichs liegen, in der Durchörterung tektonischer Klüfte ihre Erklärung finden (A. J. KREMS u. a. 1955). Das Studium der tektonischen Klüftung besitzt daher für die Ausbeutung von Öllagerstätten große praktische Bedeutung.

Die tektonische Klüftung wurde auch im Baltikum angetroffen. Die paläozoischen Gesteine in dessen nördlichem Teil weisen bekanntlich eine ruhige Lagerung auf. Dennoch aber tritt eine Reihe gut ausgeprägter flacher positiver Strukturen hervor. Die größten sind die Hebungen von Loknow, Pljawa und Porochowo. Neben den Strukturen dieses Typs sind im nördlichen Baltikum

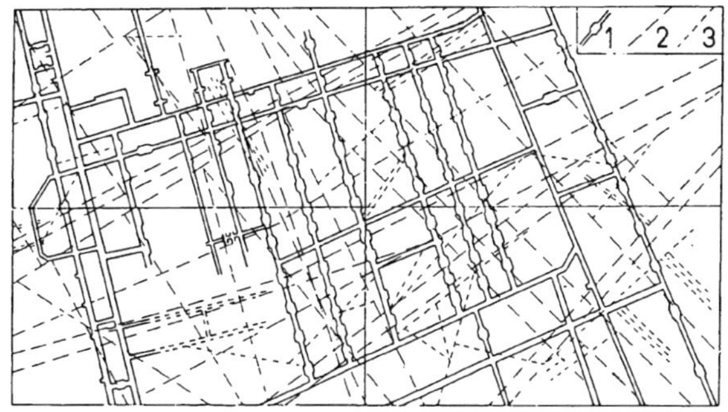

Abb. 1. Karte der disjunktiven Spaltentektonik, Gebiet von Uchta (nach Angaben von KREMS)

1 — Grubenbaue; 2 — durch Bohrungen nachgewiesene Spalten; 3 — durch Grubenbaue angefahrene Spalten

kleinere tektonische Formen weit verbreitet, die als kleine Schichtdislokationen, regional auftretende Klüfte, Mikroverwerfungen, Mikroblattverschiebungen und flache Wellungen der Gesteine in Erscheinung treten. Im Zusammenhang mit dem Aufsuchen und der Erkundung von Strukturen als Gasspeicher für Leningrad erlangen diese Mikrodislokationen gegenwärtig eine besonders wichtige Bedeutung.

Die erwähnten Dislokationen sind auf der ganzen Russischen Tafel, die Erdölgebiete eingeschlossen, weit verbreitet. Die Mikrodislokationen im Gebiet des Baltikums wurden bei den langjährigen geologischen und hydrogeologischen Beobachtungen, die in den Grubenbauen (unter Tage) der Schieferbergwerke unter Leitung von M. A. GATALSKI (1959) durchgeführt wurden, im Detail studiert.

Das Auftreten einer Klüftung in den Gesteinen des Paläozoikums war schon seit langem bekannt, aber bis in die letzte Zeit maß man ihr keine wesentliche Bedeutung bei. Erst 1933, nach Auffindung tektonischer Spalten- und Bruchzonen in den untertägigen Grubenbauen der Schiefergruben von Gdowsk begann man, dieser Frage die gebührende Aufmerksamkeit zuzuwenden.

Alle Klüfte fallen steil, fast seiger, ein. Sie treten als parallele Gruppen von 2—5 Parallelspalten mit Abständen von 2—5 bis 30—40 m innerhalb einer Gruppe auf. Derartige Kluftgruppen bilden bis 50—80 m breite Kluftbruchzonen; die Abstände zwischen diesen Zonen bewegen sich zwischen 200—500 m. Die Breite der Spalten schwankt zwischen 0,01—0,13 m. In manchen Bereichen sind diese Spalten stark vom Wasser erweitert worden, sie bilden dann bis 10—15 m breite Karsthöhlen. Alle diese Klüfte sind in der Regel mit tonigem und sandigem Material ausgefüllt.

Alle tektonischen Spalten durchörtern nicht nur das Ordovizium und ältere Gesteine, sondern auch die hangenden silurischen und devonischen Sedimente. In Estland wie auch im Gebiet Leningrad herrschen Spalten zweier Richtungen — NE–SW und NW–SE — augenscheinlich vor.

Als Beispiel kann man den „Kirow"-Schacht im Baltikum anführen, in dem die tektonischen Klüfte durch die Grubenbaue aufgeschlossen sind (Abb. 2). Aus der Abbildung geht hervor, daß diese Klüfte in zwei Gruppen zerfallen (NE–SW und NW–SE streichende Gruppe). In jeder Gruppe liegen die Spalten als parallele Reihen vor. Die Abstände zwischen den einzelnen Spalten betragen meist 20—40 m. Hinsichtlich ihrer Lage weisen die tektonischen Klüfte folglich eine bestimmte Gesetzmäßigkeit auf, sie verlaufen also nicht regellos.

Das Studium tektonischer Klüfte durch Bohrungen von der Oberfläche aus begegnet dahingegen erheblichen Schwierigkeiten. Eine unmittelbare Beobachtung ist hier unmöglich. Neue Methoden müssen zur Untersuchung gesucht und herangezogen werden. Das können hydrodynamische Untersuchungen sein, welche dazu beitragen, unsere Vorstellungen über den geologischen Bau der Öllagerstätten zu verfeinern. Die „Hydroerkundung" (JAKOWLEW 1953) hat gezeigt, daß die Verwerfungsspalten einiger Öllagerstätten nicht nur keine Flüssigkeit durchtreten lassen und daß sie keine Wege für eine vertikale Migration des Erdöls darstellen, sondern daß sie auch eine Bewegung der Flüssigkeit in horizontaler Richtung verhindern.

Die mit irgendwelchem Material erfüllten tektonischen Klüfte können daher in einer Erdölschicht undurchlässige Grenzen sein. Hydrodynamische Untersuchungen bestätigen in manchen Fällen, in anderen Fällen wiederum widerlegen sie die Annahmen, die unter Zugrundelegung der Ergebnisse des Elektrologs hinsichtlich geringmächtiger undurchlässiger toniger Zwischenlagen in mächtigen Erdölschichten gemacht wurden. Außerdem demonstrieren diese Untersuchungen praktisch, daß man in vielen Fällen die Ausbeutung der Lager nicht nach geometrischen Netzen durchführen darf, wie das in vielen Exploitationsschemata vorgesehen wird, sondern mittels einer ganzen Reihe von Einzelbohrungen entsprechend dem realen Bau der Erdölschicht.

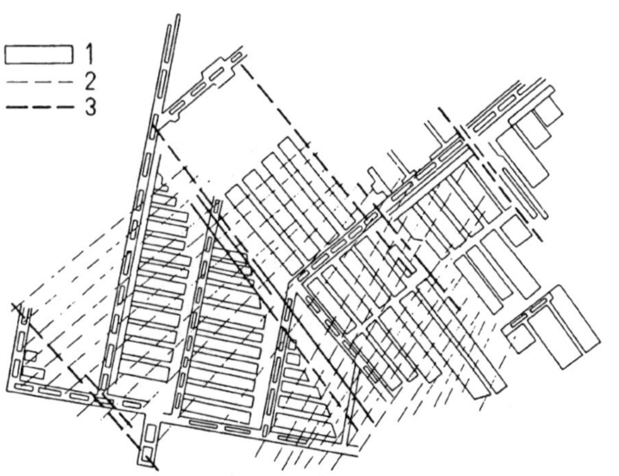

Abb. 2. Tektonische Klüfte in UT-Grubenbauen des „Kirow"-Schachtes im Baltikum (nach Angaben von GATALSKI)

1 – Grubenbaue; 2 – NE–SW streichende Spalten; 3 – NW–SE streichende Spalten

Das Studium der Klüftung ist aber auch anhand von Beobachtungen an der Oberfläche und anhand des Kernmaterials möglich. Bei der Untersuchung der Kerne muß man versuchen, den Verlauf der Klüfte an orientierten Kernen nachzuweisen.

Wie ist nun das Verhältnis zwischen tektonischen Klüften, Öl und Wasser in Öllagerstätten? Welche Typen von Spalten existieren?

Das Verhalten von Öl und Wasser zu den Klüften hängt vom Alter der Klüfte und von ihrer Morphologie ab. In Klüften, die in dem sich herausbildenden Öllager entstanden sind, ist der Charakter der Akkumulation und der Migration auf den Spalten wesentlich anders als in denjenigen, die im Speicher bereits vor dessen Sättigung mit Erdöl vorhanden waren. Wenn man die Rolle, welche den Klüften verschiedener Systeme bei der Bildung und Zerstörung eines Erdöllagers einer gegebenen Schicht zukommt, nicht kennt, ist es unmöglich, das Öl aus den mit tektonischen Störungen angereicherten Zonen richtig auszubeuten. Es ist ferner unmöglich, die Zahl der wenig ergiebigen oder unproduktiven Bohrungen klein zu halten.

Die tektonischen Klüfte in Ölschichten werden unterteilt in primäre und sekundäre.

Primäre Klüfte sind jene, die bereits vor der Sättigung mit Erdöl in der Schicht vorhanden waren und als Migrationswege für die Sättigung des Speichergesteins benutzt werden konnten. Die sekundären Klüfte entstanden in der Erdölschicht nach deren Sättigung mit Öl. Die Ölakkumulation in diesen Klüften entstand durch Abgabe des Öls aus den Poren der ölführenden Schicht. Die im Speicher mittels hydraulischer Schichtsprengung geschaffenen Klüfte kann man ebenfalls zu den sekundären rechnen.

Von den speziellen Besonderheiten der Störungen ist die Durchlässigkeit die wichtigste. Infolge großer Leitfähigkeit in Störungszonen gibt es Bereiche mit stärkster Öl-, Gas- und Wassersättigung. Die Abgabe erfolgt dann schneller und vollständiger. Die Leitwege hängen sowohl von der Tiefe als auch von der Ausdehnung der Klüfte ab. Haarrisse, kleine und große Klüfte spielen eine unterschiedliche Rolle, da ihre Leiteigenschaften für Öl und für Wasser unterschiedlich sind. Es kommen geschlossene Spalten vor, die bei Pressung entstanden sind, ohne Dislokation und ohne Tonbeimengung. Diese Spalten leiten die Flüssigkeit und das Gas praktisch nicht, aber da sie nicht mit Ton verfüllt sind, verhindern sie die horizontale Migration des Öls in der Schicht nicht.

Erheblich häufiger treten geschlossene Spalten auf, durch Reibung entstanden, die mit einer tektonischen Tonbrekzie oder mit Gangmineralien erfüllt sind. Solche Klüfte leiten weder Gas noch Flüssigkeit in der „Vertikalen"; sie sind ferner auch ein fast unüberwindliches Hindernis für die horizontale Migration. Sie verursachen eine Untergliederung der Ölschicht in isolierte Blöcke, weil sie häufig undurchlässige Kontakte bilden (JAKOWLEW 1953).

Daraus wird klar, daß die tektonischen Spalten in den Öllagerstätten sowohl eine positive Rolle spielen können, wenn sie Leitwege bei der Bewegung von Öl und Gas sind, als auch eine negative, wenn sie undurchlässige Grenzen für die horizontale Bewegung von Öl und Gas schaffen können und damit die Schicht in einzelne voneinander isolierte Bereiche trennen. Diese Erscheinung kann dazu zwingen, die projektierten Systeme zur Ausbeutung von Erdöllagern erheblich zu verändern.

Solche Veränderungen bewegen sich einerseits in Richtung auf eine Herabsetzung der Produktionsbohrungen (wenn die Spalten Leiter für Öl und Gas sind), andererseits auf der Linie einer Erhöhung der Zahl der Produktionsbohrungen (wenn die Spalten undurchlässige Grenzen bilden und die Speicher in einzelne Bereiche mit unterschiedlicher Ölsättigung aufgliedern).

Als Fazit können wir folgende Schlüsse ziehen:

1. Auf der Basis eines umfangreichen, von vielen Wissenschaftlern zusammengetragenen Tatsachenmaterials über die tektonische Klüftung innerhalb der Russischen und der Sibirischen Tafel kann man folgern, daß die tektonische Klüftung in den Tafelgebieten in bedeutenderem Maße entwickelt ist, als man früher annahm.

2. Die tektonischen Klüfte in den Tafelgebieten entstanden durch undulöse Schwingungsbewegungen der Erd-

kruste, ferner als Folge der Bildung von Brüchen und Strukturelementen.

3. Die tektonischen Spalten steigern ihre Intensität nach der Tiefe hin, d. h. von jüngeren zu älteren Gesteinen, ihre Intensität ist ferner in den Scheiteln der Strukturen um das Zwei- bis Dreifache höher als an den Flankenteilen.

4. Bei der Festlegung tektonischer Klüfte oder anderer undurchlässiger Grenzen in den Ölschichten muß man Erkundung und Ausbeutung dieser Schichten unter Berücksichtigung des Auftretens dieser Erscheinungen durchführen (in manchen Fällen in Richtung einer Erhöhung der Zahl der Bohrungen, in anderen wieder auf der Linie der Herabsetzung ihrer Zahl).

5. Zum möglichen Nachweis einer tektonischen Klüftung innerhalb der Öllagerstätten ist die Untersuchung ihres geologischen Baus unter Einbeziehung von hydrodynamischen Untersuchungen der Schichten und der Bohrungen (Hydroerkundung) durchzuführen.

Zusammenfassung

Verf. behandelt die tektonische Klüftung der Tafelgebiete und ihre Rolle, die sie in der Erdölgeologie spielen. Er stellt die wichtigsten spezifischen Züge und Merkmale der tektonischen Klüftung heraus. Die Bedeutung der tektonischen Klüftung bei der Untersuchung und bei der Ausbeutung der Öllagerstätten wird betrachtet. Es werden Methoden vorgeschlagen, mit denen die tektonische Klüftung in Öllagerstätten nachgewiesen werden kann.

Резюме

Автор обсуждает тектоническую трещиноватость платформенных областей и ее роль в нефтяной геологии, подчеркивая самые важные особенности и признаки тектонической трещиноватости. Рассматривается значение тектонической трещиноватости для эксплоатации нефтяных месторождений. Предлагаются методы, с помощью которых можно обнаруживать тектоническую трещиноватость в нефтяных месторождениях.

Summary

The author deals with the tectonic jointing of platforms and its role in petroleum geology. He emphasizes the most important specific characteristics and features of tectonic jointing and considers its relevance to the exploration and exploitation of petroleum deposits. Methods are proposed to demonstrate tectonic jointing in petroleum deposits.

Literatur

APRESSOW, S. M.: Die Rolle der disjunktiven Dislokation in Öllagerstätten. — Asnefteisdat (1947).

GATALSKI, M. A.: Mikrodislokation und Klüftung der Gesteine im Bereich des Baltikums und ihre Bedeutung für die Migration und Verteilung der Fluida. — Abh. WNIGRI, H. 131, Geol. Sammelband 4, Gostoptechisdat (1959).

JAKOWLEW, V. P.: Die hydrologische Erkundung von Öl- und Gashorizonten. — Gostoptechisdat (1953).

— Die Bedeutung der Hydroerkundung bei der Lösung von Fragen des Abbaus und der Exploitation von Öllagerstätten. — Nowosti neftjanoj techniki., Neftepromyslowoje delo, Nr. 5 (1959).

KARPINSKI, A. P.: Der allgemeine Charakter der Undationen der Erdkruste im Bereich des Europäischen Rußlands. — Nachr. Akad. Wiss., 1 (1894).

KOSSYGIN, J. A.: Grundlagen der Tektonik von Ölgebieten. — Gostoptechisdat (1952).

KREMS, A. J., S. F. SODOROW, S. M. BONDARENKO & A. L. ADAMOW: Die bergmännische Exploitation von Öllagerstätten. — Gostoptechisdat (1955).

MAKSIMOWITSCH, G. K.: Über die Klüftung der Sedimentgesteine im östlichen Teil der Russischen Tafel. — Nachr. Akad. Wiss. UdSSR, Geol. R., Nr. 5.

— Die hydraulische Schichtsprengung. — Erdölwirtschaft, 4 (1954).

NOWIKOWA, A. S.: Über die Klüftung der Sedimentgesteine im östlichen Teil der Russischen Tafel. — Nachr. Akad. Wiss. UdSSR, Geol. R., 5 (1951).

PERMJAKOW, J. N.: Die tektonische Klüftung der Russischen Tafel. — Materialien zur Erkenntnis des geologischen Baus der UdSSR, Neue Serie, H. 12 (16). Verl. Moskauer Ges. d. Naturforscher (1949).

RYBAKOW, F. F.: Die Rolle der tektonischen Klüftung in der Erdölgeologie (am Beispiel des Wolgagebietes um Kuibyschew). — Erdölwirtschaft, 1 (1955).

SCHATSKI, N. S.: Umrisse der Tektonik des Wolga-Ural-Erdölgebiets und des anschließenden Teils der Westabdachung des Urals. — Materialien zur Erkenntnis des geologischen Baus der UdSSR, Neue Serie, Heft 2 (6), Bull. Moskauer Ges. d. Naturforscher (1945).

TROFIMUK, A. A.: Zur Frage der Einschätzung des Aufnahmevermögens von klüftigen Speichergesteinen. — Erdölwirtschaft, 7 (1955).

TSCHARUSCHIN, G. V.: Tektonische Spalten in Sedimentgesteinen. — Die Natur, Verl. Akad. Wiss. UdSSR (1958).

— Die tektonische Klüftung schwach dislozierter Sedimentgesteine im südöstlichen Teil des Irkutsker Amphitheaters. — Bull. Moskauer Ges. Naturforscher, Abt. Geol., 3 (1957).

USSOW, M. A.: Strukturgeologie. — Gosgeolisdat (1940).

Die Entschäumung von Dickspülungen[1)]

BRUNO HEYNE & WILHELM ZEIDLER, Gommern

Nicht nur Qualität und Leistung der Bohranlage, sondern auch eine möglichst allen Anforderungen entsprechende Spülung schafft erst die Voraussetzung für eine Tiefbohrung.

Von den verschiedenen Spülungstypen wird überwiegend die Tonspülung, eine Aufschlämmung von quellbarem Ton in Wasser, verwendet, da nur sie die vielen an sie gestellten Anforderungen weitgehend erfüllen kann. Sie hat aber den Nachteil, sich unter bestimmten Umständen, besonders beim Durchbohren von quellenden Schichten, von Zementbrücken und bei geringer Elektrolyteinwirkung, zu verdicken. Die Viskosität steigt stark an, und damit kann ein weiterer ungefährdeter Bohrablauf kaum noch gewährleistet werden. Zur Senkung der Viskosität bzw. zur Verhinderung einer Viskositätserhöhung setzt man der Spülung in geringen Mengen Dispergierungsmittel zu. Einige dieser Stoffe, wie z. B. Fichtenrindenextrakt, Natriumhumat, kohlenalkalische Lösung, Sulfitablauge und die vollsynthetischen Dispergierungsmittel, wie Skytan, neigen hauptsächlich beim Turbinenbohren stark zur Schaumbildung. Dabei reichert sich die mit diesen Chemikalien behandelte Dickspülung verhältnismäßig leicht mit Luft an. Sie quillt gewissermaßen auf und wird beim Durchlaufen des Schüttelsiebes und Rinnensystems nicht entgast. Die Schaumbildung setzt daher die Dichte der Spülung nicht unbeträchtlich herab und verändert die Werte der Viskosität und Thixotropie. Der sich bildende Schaum erschwert außerdem die Arbeit der Spülungspumpen. Der Schaum führt zum Absinken des Pumpendrucks, da die eingeschlossene Luft komprimiert wird, und somit zur Herabsetzung der Turbinenleistung.

Die Bekämpfung dieser Schaumbildung ist seit längerer Zeit Gegenstand mehrerer Anregungen und Arbeiten. KÖHLER (1959) bearbeitete in einem Forschungsauftrag diese Aufgabe und konnte darauf hinweisen, daß durch Anwendung höherer Alkohole der Schaum wirksam zu bekämpfen ist. Dieses Ergebnis konnte aber der erschwerten Bezugsmöglichkeit des Oktylalkohols und seines hohen Preises wegen nicht als endgültige Lösung angesehen werden. JASCHKIN (1957) empfiehlt die Verwendung einer Emulsion von schwarzem Kontaktstoff in Solaröl, die bei Verwendung von Sulfitablauge als Dispergierungsmittel selbst bei Spülungsdichten von 1,7—1,8 g/cm³ in Mengen von 0,3% gute Eigenschaften als Entschäumer zeigt.

1) Eingang des Manuskripts in der Redaktion: 14. 9. 1962

Zur gründlichen Bearbeitung der Dispergiermittelfrage war aber eine wirksame und andauernde Beseitigung der Schaumbildung unerläßlich. Es galt, eine Substanz zu finden, die die Oberflächenspannung so stark herabsetzt, daß eine Entgasung möglich war. Daher wurden zuerst die im Handel erhältlichen Entschäumer überprüft. Hierbei blieb die für eine optimale Entschäumerwirkung erforderliche Temperatur von mindestens 60 °C unberücksichtigt.
Es wurden getestet:

Tabelle 1

Entschäumertyp	Herkunft
Vorlauf-Fettsäuren	Magdeburg, VEB Fahlberg & List
Ceresin 900 in Petroleum	Rositz, VEB Teerverarbeitung
Ceresin 1012 in Petroleum	Schwarzheide, VEB Synthesewerk
E – 47 – T	Witten/R, Chemische Werke
748 hydrophile Fettsäure-	Witten/R, Chemische Werke
750 ester	Witten/R, Chemische Werke
50	Karl-Marx-Stadt, VEB Fettchemie
7800 (Mepasinsulfamid)	Wolfen, VEB Farbenfabrik
CWP (QSp)	Halle, CW Papst
Deltaöl	Wolfen, VEB Farbenfabrik
Tri-Isobutylphosphat	Karl-Marx-Stadt, VEB Fettchemie
FEM 22 konz. } Fettsäuren	Leipzig } F. Erich Müller
FEM 22 emulg.	Leipzig

Die Testung erfolgte zunächst laborativ bei Zimmertemperaturen. Nach den gebräuchlichen Rezepturen wurden Spülungen hergestellt. Nur den Zusatz von Sulfitspritablauge erhöhten wir auf 10%. Während des Umrührens wurden die Spülungen durch eine Gasfritte mit Luft begast. Die Dichte verminderte sich hierbei im Mittel von 1,07 auf 0,72 g/cm³. Ein Teil dieser begasten Probe wurde mit einem schnell laufenden, lufteinsaugenden Flügel durchgeführt und mittels einer Tuberkulinspritze mit steigenden Mengen (0,01; 0,025; 0,05 und 0,1 Vol.-%) Schaumdämpfer versetzt. 5 bzw.

Tabelle 2

Entschäumer	Wirksamkeit bei	Mindestmenge in %	Wirkungsdauer
Vorlauf-Fettsäuren, Ceresin 900, Ceresin 1012	In allen Fällen ungenügende Wirkung		
E – 47 – T	Skytan G 40	0,025	
	Skytan Gl 1402	0,05	
	Na-Humat	0,05	kurz
748	Skytan G 40	0,05	kurz
	Skytan Gl 1402	0,05	kurz
750	Skytan G 40	0,05	
50	Skytan G 40	0,05	
	Skytan Gl 1402	0,05	kurz
	Na-Humat	0,025	kurz
7800	Sulfitablauge	0,05	
CwP (QSp)	Skytan G 40	0,05	
	Skytan Gl 1402	0,05	
	Na-Humat	0,025	bis zu 3 Std.
Deltaöl	Skytan G 40	0,025	bis zu 3 Std.
	Skytan Gl 1402	0,025	bis zu 3 Std.
	Na-Humat	0,025	bis zu 3 Std.
	Sulfitablauge	0,05	bis zu 3 Std.
Tri-Isobutylphosphat	Skytan G 40	0,05	
	Skytan Gl 1402	0,05	
	Na-Humat	0,025	
FEM konz. und emulg.	Skytan G 40	0,01	bis zu 10 Std.
	Skytan Gl 1402	0,01	bis zu 10 Std.
	Na-Humat	0,01	bis zu 10 Std.
	Sulfitablauge	0,025	bis zu 10 Std.

35 Minuten nach der Entschäumerzugabe wurde die Dichte gemessen, die als Kriterium der Wirkung diente.

Die erzielten Ergebnisse zeigt Tab. 2.

Der Schaumdämpfer FEM 22 in emulgierter Form hat schnellere Wirkung als in konzentrierter. Bei erhöhter Temperatur, 60 °C und darüber, ist ein Abklingen der Wirkung nicht festgestellt worden. Eine Zugabe vor der Begasung gibt weniger günstige Werte als nach obengenannter Reihenfolge. Aus dieser Zusammenstellung ist deutlich die Einsetzbarkeit bei den verschiedenen Dispergiermitteln ersichtlich, wobei besonders auf die völlig ungenügende Wirkung der üblichen Entschäumer (Vorlauf-Fettsäuren und Ceresin in Petroleum) hingewiesen wird, während andere Schaumdämpfer, wie zum Beispiel Entschäumer 750 und 7800, in tragbaren Konzentrationen und bei Normaltemperatur nur im Einzelfall verwendbar sind. Dagegen erweisen sich bei verhältnismäßig niedrigen Konzentrationen mit längerer Wirkungsdauer in allen bisher überprüften Fällen das Deltaöl und der Entschäumer FEM 22 als gut einsetzbar. Letzterer ist hinsichtlich des Wirkungseintritts, der Wirkungsdauer und der anzuwendenden Menge dem Deltaöl entschieden überlegen und erfüllt voll und ganz die weitere Forderung, jede unerwünschte Chemikalienanreicherung in der Bohrspülung zu vermeiden.

Die praktische Erprobung im Bohrfeld ergab im Raum Stendal mit den synthetischen Dispergiermitteln Skytan G 40 und Skytan Gl 1406 zufriedenstellende Ergebnisse. Beim Anrühren der Spülungen mit den Dispergierungsmitteln wurde in bisher acht Fällen der Entschäumer FEM 22 emulgiert eingesetzt und damit nicht nur die gewünschte Wirkung erzielt, sondern auch der Einsatz der synthetischen Dispergiermittel und die einwandfreie Durchführung der Versuche erst ermöglicht.

Zusammenfassung

Zur Bekämpfung der Schaumbildung beim Einsatz von Dispergiermitteln in Bohrspülungen ist ein Entschäumer ermittelt worden (FEM 22), der schon bei Zimmertemperaturen in allen überprüften Fällen eine schnelle, volle und anhaltende Wirkung zeigte, im Handel sehr preisgünstig zu beziehen ist und mit der geringen Menge von 0,01 Vol.-% einsetzbar ist.

Резюме

С целью угнетения образования пены при использовании диспергирующих средств в буровых растворах было разработано соответствующее вещество (ФЭМ 22). Уже при комнатной температуре оно во всех проверенных случаях обнаруживает быстрое, полное и длительное действие; оно в торговле не дорого; с ним можно уже работать при небольшом количестве в 0,01 объемных процентов.

Summary

A skimming agent (FEM 22) has been developed for the suppression of foam formation when using dispersing agents in drilling muds, and has shown a rapid, complete and persistent effect in all cases submitted to examination. It is of low cost and a small amount of only 0.01 percent by volume will doit.

Literatur

JASCHKIN, O.: Die Reduzierung des Schaums von Dickspülungen. – Neftjanoje chosjaistwo, 8, 33–34, 1957.

KÖHLER, R.: Untersuchung zur Schaumbekämpfung in Tonspülungen mittels höherer Alkohole. – Forschungsarbeit aus dem ZGI, Berlin 1959.

Zeitschrift für angewandte Geologie (1963) Heft 3

Die Ermittlung der wahren Mächtigkeit aus Bohrungen beliebiger Lage

Heinrich Kölbel, Berlin

Zu dem Beitrag von Alfred Lenk (Z. angew. Geologie, Jg. 8, Heft 7, S. 375—377, 1962) wäre folgendes zu sagen: Schon in der nach F. Stammberger zitierten Formel (1) sind, solange nur von Bohrungen die Rede ist, die Werte β und γ von rein theoretischer Bedeutung, da in einer nicht vertikal verlaufenden Bohrung oder am Bohrkern weder der Fallwinkel β des Lagerstättenkörpers bzw. einer Schicht noch das Azimut der Fallrichtung, das in den Winkel γ eingeht, direkt gemessen werden kann; es liegt also praktisch eine Gleichung mit drei Unbekannten vor; man könnte β und γ nur durch zusätzliche Beobachtungen außerhalb der Bohrung mehr oder weniger ungenau bestimmen.

Dasselbe gilt sinngemäß für die folgenden Formeln, in denen β, β' und δ ebenfalls nicht direkt im Bohrloch oder am Kern meßbar sind.

Die komplizierte Betrachtung scheint mir in diesem Falle völlig überflüssig zu sein, da es eine viel einfachere Formel gibt, in die nur im Bohrloch oder am Bohrkern meßbare Größen eingehen, nämlich die Formel

$$m_W = m_S \cdot \cos \varepsilon$$

die A. Lenk selbst als letzte (ohne Nummer) angibt. In dieser ist m_S (die scheinbare Mächtigkeit) am Bohrkern oder im Diagramm der geoelektrischen Bohrlochmessung festzustellen. Den Winkel ε zwischen der Flächennormalen der Schichtfläche und der Bohrlochachse kann man am Bohrkern messen, wie es jeder Geologe tut. Wieso noch das Schmidtsche Netz zur Ermittlung von ε gebraucht wird, ist unerfindlich. Die hierfür benötigte absolute Lage des Flächenpoles der Schichtfläche ist doch am Kern gar nicht meßbar, sondern nur die relative Lage zur Bohrlochachse (= Kernachse), eben der Winkel ε.

Nur wenn am Bohrkernmaterial keine direkt meßbaren Schichtflächen oder Ganggrenzflächen zu beobachten sind, müßte man versuchen, auf den hier beschriebenen Umwegen unter Benutzung von Tages- oder Grubenaufschlüssen bzw. weiteren Bohrungen zu einer annähernden Lösung zu kommen.

Zu Fragen geologischer Terminologie und Klassifikation (II) Der Begriff Fazies (3. Teil)[1]

Dietrich Franke, Berlin

(Mitteilung aus dem Zentralen Geologischen Institut, Berlin)

Einleitung

Nachdem im Teil 1 dieser Arbeit (vgl. Heft 1/1963) die mittel- und westeuropäische und im Teil 2 (vgl. Heft 2/1963) die nordamerikanische Faziesliteratur besprochen wurde, sollen im abschließenden Teil 3 die sowjetischen Anwendungsformen dieses Terminus aufgezeigt sowie die aus dieser Analyse vom Verf. gezogenen Schlußfolgerungen zur Diskussion gestellt werden.

Der Begriff „Fazies“ in der sowjetischen geologischen Literatur

Den sowjetischen Geologen ist das Wort ,,Fazies“ ein altvertrauter Begriff. Doch auch sie haben diesen Ausdruck — ähnlich wie ihre westeuropäischen und nordamerikanischen Fachkollegen — derart unterschiedlich angewandt, daß man sich heute einem nur schwer zu entwirrenden terminologischen Durcheinander gegenübersieht. Es fehlte nicht an Versuchen, den Faziesbegriff zu konkretisieren. So unterbreitete zum Beispiel erst kürzlich W. P. Markewitsch (1957) im Ergebnis einer eingehenden Analyse der in der sowjetischen Literatur auftretenden Anwendungsformen Vorschläge für einen einheitlichen Gebrauch dieses Terminus. Gleiche Bemühungen unternahmen vor ihm schon L. B. Ruchin (1953), W. E. Chain (1954), D. W. Naliwkin (1956) sowie zahlreiche andere namhafte Geologen. Und trotzdem stellt das Wort ,,Fazies“ auch in der UdSSR noch heute einen recht variablen und dementsprechend inhaltsarmen Begriff dar.

Bereits in der geologischen Literatur des vorrevolutionären Rußlands besaß der wahrscheinlich von N. A. Golowkinski (1869) und A. A. Inostranzew (1872) eingeführte Ausdruck ,,Fazies“ recht unterschiedliche Bedeutung. Wie W. P. Markewitsch (1957) feststellte, wurden einmal die Bildungsbedingungen der Sedimente, ein anderes Mal die Landschaftseinheiten, in denen sie entstanden, oder aber die Merkmale der Gesteine bzw. die Gesteine selbst als Fazies bezeichnet.

An dieser Mehrdeutigkeit änderte sich auch in späteren Jahren nicht viel. So definierte z. B. A. A. Borisjak (1922) diesen Terminus sowohl als ,,die physikalischen Eigenschaften eines bestimmten Gebietes der Erdoberfläche“ als auch als ,,die lithologischen und paläontologischen Eigenschaften einer bestimmten Schicht“. Erstere nannte er ,,rezente“, letztere ,,fossile“ Fazies. Eine ganz ähnliche Einteilung gab in seiner im Jahre 1932 erschienenen ,,Utschenije o fazijach“ D. W. Naliwkin. Auch er unterschied zwischen ,,rezenter“ und ,,fossiler“ Fazies:

,,Die rezente Fazies ist ein Teil der Erdoberfläche, der auf seine gesamte Erstreckung hin einheitliche physikogeographische Bedingungen sowie einheitliche Fauna und Flora aufweist.“ Dagegen ist die ,,fossile Fazies ein Teil einer Schicht, eine Schicht oder eine Schichtenfolge, die auf ihre gesamte Erstreckung hin eine einheitliche lithologische Zusammensetzung aufweist sowie ein und dieselbe Fauna und Flora enthält“.

M. P. Kasakow, G. F. Mirtschink, N. M. Strachow & E. W. Schanzer (1934) waren der Ansicht, daß die Naliwkinsche Faziesdefinition ,,den Sinn und Inhalt, den die Historische Geologie in diesen Ausdruck legt, nicht wiedergibt“. Ihrer Meinung nach ist ,,die Fazies für die Historische Geologie nicht als Gestein oder Fauna von Bedeutung, sondern als Dokument desjenigen physikogeographischen Milieus, in dem sich die Fauna und das Gestein ablagerten. Die Historische Geologie bemüht sich in erster Linie, gerade dieses Milieu, das sich hinter dem Gestein verbirgt, zu erkennen.“

,,Fazies“ ist also ,,ein paläogeographischer Begriff, nicht ein petrographischer oder faunistischer“!

Etwa zur gleichen Zeit wurde von L. W. Pustowalow (1933) ein neuer Terminus geprägt — ,,geochimitscheskaja fazija“. In Anlehnung an A. A. Borisjak (1922) und D. W. Naliwkin (1932) unterschied er ebenfalls zwischen einem ,,rezenten“ und einem ,,fossilen“ Typ. Unter einer ,,rezenten“ geochemischen Fazies versteht er ,,einen Teil der Erdoberfläche, der in seiner gesamten Erstreckung gleiche physiko-

[1]) Eingang des Manuskripts in der Redaktion: 30. 8. 1962.

chemische und geochemische Ablagerungs- und Bildungsbedingungen der Sedimentgesteine aufweist", unter einer „fossilen" geochemischen Fazies „eine Schicht oder eine Schichtenfolge, die in ihrer gesamten Erstreckung die gleichen primären geochemischen Merkmale besitzt".

Beide Faziesausbildungen unterteilte er wiederum in eine „marine" und eine „kontinentale" geochemische Fazies. Die „marine" umfaßt die „Schwefelwasserstoff-Fazies" mit Schwefelwasserstoff und die „Siderit-Fazies" mit Kohlensäure als Hauptreagens, die „Chamosit-Fazies", die „Glaukonit-Fazies", die „Oxydations-" und „Ultraoxydations-Fazies" mit einem Überschuß an aktivem Sauerstoff sowie die „Fazies von löslichen Salzen" oder „Fazies chemischer Absätze"; die „kontinentale" die „Laterit-Fazies", die „Fazies von Ortsteinen", „Fazies von Wüsten", „Fazies von kontinentalen chemischen Ablagerungen", „Fazies von Eisenerzen" und „Fazies von Kohlen". L. W. PUSTOWALOW (1933, 1940) betonte, daß er mit diesen neuen Begriffen die „geologische Fazies" nicht etwa aufheben, sondern lediglich ergänzen wolle. Auch wies er darauf hin, daß seine „Fazieseinteilung" nur eine vorläufige und unvollständige sei, die mit der fortschreitenden Vervollkommnung unserer Kenntnisse über die geochemischen Prozesse und Verhältnisse auf der Erde ständig revidiert und erweitert werden müsse (vgl. dazu auch A. W. KASAKOW 1939, A. E. FERSMAN 1939, L. W. PUSTOWALOW 1947, G. I. TEODOROWITSCH 1950, 1958).

Von „Lithofazies" sprach in der sowjetischen Literatur wohl erstmals A. G. EBERSIN (1940). Er bezeichnete damit die petrographischen Merkmale einer Ablagerung. W. E. CHAIN (1947) nannte demgegenüber die Gesteine selbst „litofazija". Darüber hinaus versuchte er in einer im Jahre 1954 erschienenen Arbeit die von L. L. SLOSS, W. C. KRUMBEIN & E. C. DAPPLES (1949) eingeführte „Tektofazies" publik zu machen. Auch der Begriff „Makrofazies" taucht gelegentlich auf. So versteht z. B. L. B. RUCHIN (1953) darunter „die Gesamtheit von Ablagerungen, die im großen und ganzen unter ein und denselben Verhältnissen gebildet wurden, aber aus einer Reihe zwar verwandter, jedoch trotzdem verschiedener Fazies bestehen". Als Gegenstück dieser „Makrofazies" kann die „Subfazies" D. M. RAUSER-TSCHERNOUSOWAS (1950), L. N. BOTWINKINAS (1956) u. a. betrachtet werden. Eine Anzahl neue Ausdrücke führte weiterhin N. B. WASSOJEWITSCH (1948) ein — die „Origofazies" als die primären Verhältnisse der Sedimentbildung, die „Lapidofazies" als die Verhältnisse der Diagenese, die „Densofazies" als diejenigen der Metamorphose und die „Exedofazies" als die der Verwitterung. Drei Jahre später ließ er diese „Begriffe" wieder fallen und sprach von „Fazies erster, zweiter, dritter usw. Ordnung". Es lohnt nicht, die zahlreichen übrigen „Neuprägungen", die dann und wann der eine und der andere schuf, aufzuzählen, da sie in den meisten Fällen außer für den Autor selbst kaum von Bedeutung sind. Im folgenden werden deshalb nur diejenigen Arbeiten referiert, die sich ganz speziell mit dem Faziesbegriff, seinen Anwendungsarten und seiner Bedeutung auseinandersetzen.

Neben den schon weiter oben zitierten Aufsätzen fällt hierunter auch der im Jahre 1948 von J. A. SHEMTSCHUSHNIKOW gehaltene Vortrag „Was ist Fazies?". J. A. SHEMTSCHUSHNIKOW stellte richtig fest, daß „die Fazies weder eine Schicht, noch ein Gestein . . ., sondern eine gewisse Vorstellung ist". Er wies darauf hin, daß man „unter den Gesteinsmerkmalen eine Reihe genetischer Merkmale finden kann, die . . . auf die Entstehung des ursprünglichen Sediments, aus dem sich das Sedimentgestein gebildet hat, hinweisen", und daß „die Gesamtheit dieser Besonderheiten . . . eben die Fazies ausmacht". In den anschließenden Ausführungen brachte er allerdings einige unklare Formulierungen, die W. P. MARKEWITSCH (1957) veranlaßten, seine „Definition des Faziesbegriffs . . . als nicht treffend zu bezeichnen, da sie auf unbestimmte subjektive Vorstellungen hinausläuft".

Eine an D. W. NALIWKINS „rezente Fazies" erinnernde Definition gab B. P. MARKOWSKI (1948):

„Die Fazies ist ein Abschnitt der Oberfläche der Erdkruste mit ganz bestimmten physikogeographischen Bedingungen, die sowohl die anorganischen als auch die organischen Prozesse auf dem betreffenden Abschnitt der Erdoberfläche im betreffenden Zeitabschnitt bestimmen."

M. W. KLENOWA (1948) wandte den Ausdruck „Fazies" in ihrer „Geologija morja" in ähnlicher Weise an:

„In der Geologie des Meeres verstehen wir unter Fazies einen Abschnitt des Meeresbodens mit einheitlichen physikochemischen und biochemischen Bedingungen, der ein und dasselbe Einzugsgebiet hat, d. h. einheitliche Entstehung sowohl der organogenen als auch der minerogenen Komponenten aufweist, mit gleicher Flora und Fauna, die ein und dieselbe geologische Geschichte durchmachte."

Darüber hinaus kann man nach M. W. KLENOWA (1948) „die gesamte Erdoberfläche nach dem Charakter der klimatischen Bedingungen in Faziesbereiche — polare, tropische, gemäßigte mit feuchtem Klima und wüstenartige — einteilen". Ihre „Fazies" ist demnach ebenfalls mehr oder weniger eine Landschaftseinheit, ein durch ganz bestimmte physikogeographische, klimatische, physiko- sowie biochemische u. a. Verhältnisse charakterisierter Abschnitt der Erdkruste. Leider stimmen jedoch auch bei ihr Definition und tatsächliche Anwendung in vielen Fällen nicht überein. Diese bei zahlreichen Geologen (vgl. z. B. A. N. MASAROWITSCH 1938, W. W. BELOUSOW 1948, W. E. CHAIN 1947, G. I. TEODOROWITSCH 1950 und L. B. RUCHIN 1953) zuweilen vorkommende Diskrepanz, auf die schon W. P. MARKEWITSCH (1957) hinwies, ist beim Umgang mit einem so diffizilen, indifferenten Begriff, wie ihn der Ausdruck „Fazies" noch immer darstellt, nicht allzu verwunderlich, da man ihn nur zu oft ganz unbewußt in irgendeinem Zusammenhang in „althergebrachter Weise" benutzt und ihm dadurch einen Sinn verleiht, der der gegebenen Definition nicht entspricht.

D. M. RAUSER-TSCHERNOUSOWA (1950) versteht unter Fazies „die primären paläontologischen, paläökologischen, petrographischen und geochemischen Eigenschaften einer homogenen Schicht . . ., die auf die konkreten Bildungsbedingungen hinweisen", G. I. TEODOROWITSCH (1950) dagegen „einen gesetzmäßigen Komplex petrographischer, paläontologischer und geochemischer Besonderheiten der Ablagerungen, der das paläogeographische und geochemische Milieu der Sedimentation und der Diagenese des Sediments ausdrückt", bezieht also auch die durch diagenetische Veränderungen erzeugten sekundären Gesteinsmerkmale mit ein.

Einen beträchtlichen Raum nehmen „Faziesprobleme" naturgemäß auch in L. B. RUCHINS „Grundzüge der Lithologie" (Leningrad—Moskau 1953) ein:

„Fazies wird als ein gesetzmäßiger Komplex der lithologischen und paläontologischen Besonderheiten des Sediments, die für die Umstände seiner Ablagerung bezeichnend sind, aufgefaßt. Die Fazies ist demnach der stoffliche Ausdruck für die Umstände der Entstehung der Sedimente."

Und an anderer Stelle:

„Die Fazies stellt einen Komplex der primären lithologischen und paläontologischen Ablagerungserscheinungen dar, der ein bestimmtes physikogeographisches, tektonisches und geochemisches Stadium der Sedimentation kennzeichnet."

L. B. RUCHIN (1953) wies darauf hin, daß man

„Fazies nicht mit Sediment oder Gestein gleichsetzen darf, weil das den Begriff in einen rein petrographischen verkehren würde. Darum darf man nicht von sandigen, kalkigdolomitischen, Eisenerz- und ähnlichen Fazies sprechen. In diesen Fällen wird die Herkunft der betreffenden Ablagerungen nicht gekennzeichnet . . . Viel richtiger ist es . . . von dolomitischer Lagunenfazies, . . . von lakustrisch-aleuritischer Fazies usw. zu sprechen."

Zur Faziesanalyse gehören deshalb nach L. B. RUCHIN nicht nur exakte petrographische Untersuchungen, sondern auch solche des Fossilmaterials, der texturellen und strukturellen Besonderheiten, der Wechselbeziehungen zu anderen Gesteinen usw. Die „Faziesanalyse" soll die Rekonstruktion der Sedimentationsverhältnisse ermöglichen.

Klarer als L. B. RUCHIN (1953) definierte W. E. CHAIN (1954) den Faziesbegriff:

„Die Fazies ist die Widerspiegelung der physikogeographischen (hydro- oder aerodynamischen, geochemischen, klimatischen u. a.) und der geotektonischen Bedingungen der Sedimentbildung . . ."

Die Fazies W. E. CHAINS sind also weder die Bildungsbedingungen eines Sediments noch das Sediment selbst, sondern etwas Abstraktes — die „Widerspiegelung" der bei der Ablagerung des betreffenden Gesteins herrschenden geographischen Verhältnisse.

Weniger logisch ist demgegenüber die widerspruchsvolle Definition, die ein Jahr später N. B. WASSOJEWITSCH (1955) gab.

„Unter Fazies verstehen wir bestimmte, historisch entstandene und allmählich (solange die gegebene Fazies existiert) sich entwickelnde geologische Verhältnisse, d. h. die Gesamtheit der verschiedenen physikalisch-geographischen Bedingungen, und gleichzeitig einen bestimmten Abschnitt auf der Erdoberfläche."

Auf ähnlich ungenaue Formulierungen anderer Autoren soll hier nicht näher eingegangen werden.

Das Bedeutendste, was auf dem Gebiet der Paläogeographie in der sowjetischen, ja in der geologischen Literatur überhaupt, bisher erschien, sind zweifelsohne D. W. NALIWKINs zwei Bände über die „Lehre von der Fazies" (Moskau—Leningrad 1956).

„Die Lehre von der Fazies ist die natürliche Einführung in die Paläogeographie — die Wissenschaft mit dem Ziel, die Verteilung von Land und Meer, die Landschaft und das Aussehen der Erdoberfläche in vergangenen geologischen Epochen zu rekonstruieren. Die Fazieslehre stellt somit im wesentlichen eine Lehre von den Bildungsbedingungen der Sedimente dar."

Den Begriff „Fazies" selbst definierte er als „eine Landschaftseinheit. In Fazies werden alle Landschaften, die gesamte Erdoberfläche eingeteilt." Dementsprechend gibt es natürlich „keine Sedimente, die sich außerhalb einer Fazies bildeten", dagegen „existierten und existieren jedoch eine große Zahl Fazies, innerhalb welcher sich keinerlei Sedimente ablagerten und ablagern, z. B. . . . ganz allgemein alle Abtragungsgebiete".

Besonders hervorzuheben ist seine Forderung nach rangordnungsmäßiger Gliederung dieser Fazieseinheiten:

„Wir benötigen eine systematische Faziesklassifikation, etwa in der Art, wie sie in der Zoologie gebräuchlich ist, in der man ja bekanntlich die Arten zu Gattungen, die Gattungen zu Familien, die Familien zu Klassen, die Klassen zu Stämmen und diese zum Reich vereinigt. Die Ausarbeitung einer analogen Klassifikation für die Fazies ist nicht leicht. Sie muß auf paläogeographischen Merkmalen beruhen und faktisch eine Klassifikation der Formen der Erdoberfläche darstellen. Wie kompliziert und schwierig die Lösung dieser Aufgabe ist, liegt klar auf der Hand, trotzdem müssen wir an ihre Lösung herangehen."

Schon der Franzose E. HAUG (1907) erkannte die Notwendigkeit einer derartigen Systematik. Er schied als größte Einheiten das „milieu continental", das „milieu lagunaire et embouchures" sowie das „milieu marin" aus. Diese „milieus" unterteilte er in verschiedene „formations", d. h. in „Kategorien von Ablagerungen unterschiedlicher Fazies, die aber unter analogen Bedingungen gebildet wurden". So enthält das „milieu continental" die „formation subaérienne" und die „formation alluviale", wobei sich zum Beispiel die „formation subaérienne" wiederum aus der „faciès volcanique", „faciès éolien", „faciès ebouleux", „faciès glaciaire" und der „faciès eluvien" zusammensetzt. Ähnliche Gliederungsschemata unterbreiteten in der sowjetischen Literatur D. M. RAUSER-TSCHERNOUSOWA (1950), N. B. WASSOJEWITSCH (1951), L. B. RUCHIN (1953) u. a.

D. W. NALIWKIN (1956) schlug eine Vierteilung vor — „fazija" als die Grundeinheit, „serwija" als einen Fazieskomplex, „nimija" als eine Zusammenfassung paragenetisch einander ähnlicher Fazieskomplexe sowie, als viertes und letztes Glied dieser Reihe, „formazija" als die Vereinigung von verschiedenen Fazieskomplexen. Die „formazii" unterteilte er grob in die Formation des Festlandes und die des Meeres, letztere wiederum in die „nimija" des offenen und des abgetrennten Schelfs, des Lagunengebietes, des kontinentalen und des Binnensees, der Inselgruppe sowie des Riff-, des bathyalen und des abyssischen Gebietes. Schließlich gliederte er beispielsweise die „nimija" des offenen Schelfs in die „serwija" der Flachküste und der Steilküste, des Unterwassertales, der Unterwassererhebung, der offenen Meerenge und der Insel sowie in die „serwija" des Gebietes der glazial-marinen, der äolisch-marinen und der pseudoabyssischen Ablagerungen. Diese „Landschaftseinheiten" sind D. W. NALIWKINs „rezente Fazies". Im „fossilen" Zustand stellen sie Sedimente dar. Die Klassifikation der Landschaften wird hier zu einer nach paläogeographischen Gesichtspunkten vorgenommenen Einteilung der Sedimentgesteine.

Die „Fazies" ist also nicht nur „ein bestimmter einheitlicher Teil des Landes oder des Meeresbodens, d. h. ein geographischer oder paläogeographischer Begriff", sondern gleichzeitig „ein Sedimentgestein, d. h. ein lithologischer Begriff". Die schon in seiner im Jahre 1932 erschienenen „Lehre von der Fazies" von zahlreichen Geologen (B. P. MARKOWSKI 1948, D. M. RAUSER-TCHERNOUSOWA 1950, W. P. MARKEWITSCH 1957 u. a.) bemängelte Mehrdeutigkeit des Faziesbegriffs tritt also auch in der Ausgabe von 1956 wieder auf.

Die Zahl der sich mehr oder weniger widersprechenden Definitionen nahm in der sowjetischen Literatur allmählich einen derartigen Umfang an, daß man heute den Ausdruck „Fazies" ohne nähere Erläuterungen überhaupt nicht mehr verwenden kann. W. P. MARKEWITSCH (1957) machte mit vollem Recht auf diesen untragbaren Zustand aufmerksam, doch auch seinem Definitionsvorschlag kann man nicht vorbehaltlos zustimmen:

„Eine ‚Fazies' oder ‚geologische Fazies' ist ein bestimmter Teil eines Sediments oder Gesteins, der durch ähnliche paläontologische, petrographische und physikochemische Merkmale gekennzeichnet ist, die durch tektonische, physikochemische, biologische und geographische Verhältnisse der Sedimentbildung bedingt werden."

W. P. MARKEWITSCHs Fazies sind also durch ganz bestimmte petrographische, paläontologische und physikochemische Merkmale charakterisierte Gesteinstypen oder -einheiten. Auf dieser Grundlage unterscheidet er z. B. auf einer „Fazieskarte" von Ablagerungen der Apscheron-Stufe „tonig-sandige Ablagerungen mit zwischengeschalteten Konglomeraten", „sandig-tonige Ablagerungen mit zwischengeschalteten Konglomeraten" und „sandig-konglomeratische Ablagerungen". Erfolgt diese Einteilung nach geochemischen Merkmalen, so sollte man von geochemischer Fazies, erfolgt sie dagegen nach lithologischen von lithologischer, nach faunistischen von faunistischer, nach floristischen von floristischer Fazies usw. sprechen.

„Nicht jede Gesteinsart stellt jedoch eine Fazies dar." Lithologisch verschiedene Gesteine wie Kalke und Marmore, Schotter und Konglomerate oder Tone und Tonschiefer können beispielsweise ein und derselben Fazies angehören. „Das Ausscheiden von Fazies ist nicht dem nach beliebigen lithologischen Merkmalen vorgenommenen Ausscheiden von Gesteinstypen gleichzusetzen", es müssen vielmehr alle diejenigen Merkmale abstrahiert werden, die dem Gestein sekundär aufgeprägt wurden, d. h., „die nicht mit dem Prozeß der Sedimentation verknüpft sind und folglich nicht die Ablagerungsbedingungen und den Charakter der in dieser Periode verlaufenden Prozesse widerspiegeln". W. P. MARKEWITSCHs „Fazies" sind also nicht einfach lithologisch, sondern lithogenetisch einheitliche Gesteinskomplexe.

Eine völlig andere Auslegung erfuhr der gleiche Begriff dagegen durch N. S. SCHATSKIJ (1960). Ähnlich wie schon T. N. DAWYDOWA & Z. L. GOLDSCHTEIN (1957) u. a. vor ihm, bezeichnete auch er „sedimentäre Bildungen dann als Fazies, wenn wir sie in Vergleich zu gleichaltrigen anderen Bildungen derselben Rangordnung setzen".

„So sind zum Beispiel . . . die Sandablagerungen der Lanceolata-Zone des nördlichen Donbass die Fazies gleichaltriger weißer kreideartiger Mergel im Kupjansker Gebiet und die Visé-Kalksteine im Süden der Moskauer Syneklise die Fazies des grauen Dolomits gleichen Alters im zentralen Teil des Beckens . . ."

Eine von dieser wiederum abweichende Definition gaben G. F. KRASCHENINNIKOW (1959, 1962), K. I. LUKASCHEW (1961) u. a. Die kurze und zwangsläufig nur unvollständige Analyse der sowjetischen Literatur zeigt also, daß man auch in der UdSSR trotz der zahlreichen Bemühungen, Ordnung in die Terminologie zu bringen, noch weit von einer einheitlichen Anwendung des Faziesbegriffes entfernt ist.

Schlußfolgerungen

Jede Wissenschaft bemüht sich um möglichst eindeutige, logisch exakte und leicht verständliche Begriffe. Trotzdem können sich aber im Ergebnis des fortschreitenden Erkenntnisprozesses wissenschaftliche Begriffe im Laufe der Zeit inhaltlich wie umfangsmäßig oft derart verändern, daß eine Neufassung des alten Begriffs oder sogar die Einführung neuer Begriffe unumgänglich ist. Dieser vollkommen natürlichen Entwicklung steht die durch falsche und unexakte Anwendung, durch Verwässerung bzw. bewußten oder unbewußten Mißbrauch hervorgerufene Begriffswandlung gegenüber.

Leider trifft für den Terminus „Fazies" — wie ja aus den obigen sowie den im ersten und zweiten Teil dieser Arbeit gemachten Ausführungen ersichtlich sein dürfte — weniger die „gesetzmäßige" erste als vielmehr die ungerechtfertigte zweite Variante zu. Es ist deshalb auch nur zu verständlich, daß sich Inhalt und Umfang des Faziesbegriffs nicht in einer konkret festgelegten, von der Erweiterung unseres Wissens bestimmten Richtung, sondern stark divergent entwickelten. Eine Unmenge verschiedener, einander teilweise überschneidender und widersprechender Definitionen ist die Folge dieser jetzt nahezu schon hundert Jahre währenden Willkür in der Terminologie.

Auf Wert und Bedeutung einer exakten Definition und einheitlichen Anwendung wissenschaftlicher Begriffe braucht nicht erst besonders hingewiesen zu werden, kann es doch auch in der Geologie durch unterschiedliche Auslegungen zu Mißverständnissen und oftmals folgenschweren Irrtümern kommen. Vor allen Dingen setzt die zur Lösung größerer Aufgaben fast stets unentbehrliche kollektive Zusammenarbeit auf nationaler wie internationaler Ebene gegenseitiges Verstehen, d. h. einheitliche Anwendung der Fachausdrücke, voraus. Die Behandlung strittiger Fragen in der geologischen Terminologie ist deshalb heute mehr denn je zur dringenden Notwendigkeit geworden.

Ausgehend von dem Prinzip, ein Nomenklatursystem, in dem die Begriffe unterschiedlichen Inhalt besitzen, zu meiden, muß man mehrdeutig gewordene Ausdrücke, soll ihre Existenzberechtigung nicht verlorengehen, entweder auf die ursprüngliche Bedeutung zurückführen oder unter den von dieser abweichenden Definitionen diejenige als alleingültig anerkennen, die am meisten benutzt wird. Diese „Regel" läßt sich auf den Faziesbegriff allerdings nur bedingt anwenden, da weder eine exakte primäre noch eine gegenwärtig besonders bevorzugte Definition existiert. Fest steht jedoch, daß der Ausdruck „Fazies" schon bei A. GRESSLY und in den meisten Fällen auch heute noch ein paläogeographischer Begriff ist — alle anderen Auslegungen sind abzulehnen!

Inhaltlich lassen sich aus der Vielzahl der verschiedenen Auslegungen dieses paläogeographisch definierten Faziesbegriffs im wesentlichen drei stark voneinander abweichende Anwendungsformen, von denen nach Ansicht des Verf. nur die dritte vertretbar ist, unterscheiden:

1. „Fazies sind die petrographischen, paläontologischen, geochemischen u. a. Merkmale eines Sedimentgesteins, auf deren Grundlage die geographischen Verhältnisse zur Zeit der Sedimentbildung rekonstruiert werden können."

Man spricht dementsprechend von sandiger, kalkiger oder toniger, von Ostracoden- oder Gastropoden-, von sideritischer oder oxydischer usw. Fazies. Derartige „Begriffe" weisen jedoch nicht unmittelbar auf die Entstehungsbedingungen des betreffenden Gesteins hin, da zahlreiche dieser „Fazies" in vollkommen verschiedenen Medien, d. h. unter ganz unterschiedlichen geographischen Verhältnissen, entstanden sein können! Der Ausdruck „Fazies" wird hier zu einem paläogeographisch nichtssagenden Wort, das sich ebenso gut, ja oft sogar besser, durch etymologische Synonyma der deutschen, englischen oder russischen Sprache ersetzen läßt und damit völlig überflüssig wird.

2. „Fazies sind die Abschnitte der Erdoberfläche, auf denen die Sedimentbildung erfolgte."

Man spricht in diesem Falle von kontinentaler, lagunärer, mariner, von Wüsten-, Delta- oder Riff-Fazies usw. Diese „Begriffe" beziehen sich direkt auf die jeweils entsprechenden Landschaftseinheiten selbst, d. h. kontinentale Fazies = Kontinent, lagunäre Fazies = Lagune, Wüsten-Fazies = Wüste usw. Ganz abgesehen davon, daß zur Bezeichnung konkreter Abschnitte der Erdoberfläche das Abstraktum „Fazies" schon der Wortbedeutung nach (facies = Antlitz, Aussehen, Erscheinung) völlig fehl am Platze ist, erscheint auch die doppelte Benennungsweise inhaltlich gleicher Gegebenheiten — es sei denn, man verwendet diesen Ausdruck wie D. W. NALIWKIN (1956) für Klassifikationszwecke — absurd.

3. „Die Fazies ist das aus den petrographischen, paläontologischen, geochemischen, strukturellen, texturellen u. a. Gesteinsmerkmalen ermittelte, auf die physikogeographischen Verhältnisse zur Zeit der Sedimentation hinweisende Erscheinungsbild einer Ablagerung."

Auch hier spricht man von kontinentaler, lagunärer, mariner, von Wüsten-, Delta- oder Riff-Fazies usw., meint damit aber nicht die konkreten Abschnitte der Erdoberfläche selbst, sondern das aus einer Vielzahl ganz spezifischer Gesteinsmerkmale gewonnene paläogeographische, die ehemaligen Ablagerungsräume widerspiegelnde „Antlitz" eines Sediments. Die „Fazies" ist somit die gedankliche Aussonderung der allgemeinen paläogeographischen Merkmale aus der sinnlich wahrgenommenen Mannigfaltigkeit der konkreten petrographischen, paläontologischen, strukturellen u. a. Erscheinungen — „Fazies" ist also ein Abstraktum, d. h., wie jeder „echte" Begriff, das Ergebnis eines Abstraktions- und Verallgemeinerungsprozesses.

Einige Geologen lehnen diesen auf die paläogeographischen Sedimentationsbedingungen hinweisenden Faziesbegriff deshalb ab, weil er auf „rein subjektiven Vorstellungen" basiere. Offensichtlich sind sie der (subjektivistischen) Ansicht, daß der subjektive Erkenntnisprozeß eine Objektivität des Erkenntnisinhalts ausschließt! Andere vertreten wiederum die (agnostizistische) Auffassung, daß man nicht die Bildungsumstände aller abgelagerten Gesteine rekonstruieren, d. h. nicht die „Fazies" jedes Sediments ermitteln könne, eine Behauptung, die sich — obwohl sie für den heutigen Kenntnisstand noch zutrifft — vom dialektisch-materialistischen Standpunkt aus nicht vertreten läßt.

Sicherlich können noch mehr Einwendungen bzw. Ergänzungen zu der hier zur Diskussion gestellten Definition gemacht werden. Auch blieben zahlreiche andere Probleme, beispielsweise das der Klassifikation, unberücksichtigt. Die Behandlung dieser und ähnlicher mit dem Faziesbegriff eng zusammenhängender Fragen war jedoch nicht Aufgabe vorliegender, sich im wesentlichen auf die Terminologie beschränkender Arbeit, sondern sollte im größeren Rahmen — die unter dem Thema „Fazies" im Mai 1963 stattfindende 10. Jahrestagung der Geologischen Gesellschaft in der DDR bietet eine gute Gelegenheit dazu — erfolgen.

Zusammenfassung

Die außerordentlich große Bedeutung, die Faziesstudien nicht nur für Stratigraphie, Paläontologie und Tektonik, sondern vor allen Dingen auch für die Erkundung sedimentärer Lagerstätten besitzen, war Anlaß zu einer eingehenden Analyse des jede produktive wissenschaftliche wie praktische Arbeit erschwerenden Durcheinanders in der Terminologie des Faziesbegriffs. Nachdem im Teil 1 der Arbeit (vgl. H. 1/1963 der Z. angew. Geol.) ursprünglicher Inhalt und nachfolgender Bedeutungswandel dieses Begriffs in der mittel- und westeuropäischen geologischen Literatur behandelt wurden, erfolgte im Teil 2 sowie in dem hier vorliegenden abschließenden Teil 3 die Analyse der unterschiedlichen nordamerikanischen und sowjetischen Anwendungsformen.

Im Ergebnis dieser Untersuchungen wird folgende Definition zur Diskussion gestellt:

„Die Fazies ist das aus den petrographischen, paläontologischen, geochemischen, strukturellen, texturellen u. a. Gesteinsmerkmalen ermittelte, auf die physikogeographischen Verhältnisse zur Zeit der Sedimentation hinweisende Erscheinungsbild einer Ablagerung."

Резюме

Фациальные исследования имеют большое значение не только для стратиграфии, палеонтологии и тектоники, но и прежде всего для разведки осадочных месторождений. Это послужило поводом для подробного анализа существующего беспорядка в терминологии понятия „фация". Этот беспорядок осложняет каждую эффективную научную и практическую работу. В первой части работы (см. „Журнал прикладной геологии", номер I/1963 г.) обсуждались первоначальное содержание и изменение значения этого понятия в средне- и западноевропейской геологической литературе; во второй части и в предлагаемой здесь заключительной третьей части были проанализированы отличающиеся друг от друга североамериканские и советские формы применения понятия „фация".

В результате этих исследований ставится на обсуждение следующее определение:

„Фация является выявленной из петрографических, палеонтологических, геохимических, структурных, текстурных и других признаков пород картиной проявления, отложений указывающей на физико-географические условия во время осадконакопления".

Summary

The extremely great importance of facies studies not only to stratigraphic geology, palaeontology and tectonics but, above all, also to the reconnaissance of sedimentary deposits, gave rise to a detailed analysis of the terminological confusion that complicates all productive scientific and practical work. After dealing with the original content and subsequent change in the meaning of this term in the geological literature of West and Central Europe (cf. No. 1/1963 of the Z. angew. Geol.), its different North American and Soviet forms of application were analysed in Part 2 and the present concluding Part 3.

As a result of these investigations the following definition is submitted to discussion:

"The facies is the phaenotype of a deposit being determined from the petrographical, palaeontological, geochemical, structural, textural and other characteristic features, drawing attention to the physico-geographical conditions at the time of its sedimentation."

Literatur

BELOUSOW, W. W.: Obstschaja geotektonika. – Gostoptechisdat, Moskwa 1948.
BORISJAK, A. A.: Kurs istoritscheskoj geologii. – Gosisdat, Moskwa 1922.
– Kurs istoritscheskoj geologii. – Gosudarstwennoje nautschnotechnitscheskoje gorno-geol.-neftjanse isdatelstwo, Moskwa–Leningrad 1934.
BOTWINKINA, L. N., J. A. SHEMTSCHUSHNIKOW, P. P. TIMOFEJEW, A. P. FEOFILOWA & W. S. JABLOKOW: Atlas litogenetitscheskich tipow uglenosnych otloshenii srednego Karbona Donetskogo Bassejna. – Akademii Nauk SSSR, Inst. Geol. Nauk Moskwa, Moskwa 1956.
BULEJSCHWILI, D. A.: K woprosu o fazijach sarmatskich otloshenij jushnoj Kachetii. – Bjull. Grusnefti, **1–2** (1947).
CHABAKOW, A. W.: Dinamitscheskaja paleogeografija, jeje sadatschi i wosmoshnosti. – Litolog. sb., Gostoptechisdat, Leningrad–Moskwa 1948.
CHAIN, W. E.: Rasresi fazii mesosoja jugo-wostotschnogo Kawkasa po dannym nowejschich issledowanij. – Tr. Inst. Geol. As. SSR, **13**, Baku 1947.
– Geotektonitscheskije osnowy poiskow nefti. – Ashefteisdat, Baku 1954.
DAWYDOWA, T. N. & Z. L. GOLDSCHTEIN: O ponjatijach „fazialnyj analis" i „fazija". – Bjul. nautschno-techn. inform., minist. geol. i ochrany nedr SSSR, **4**, 9 (1957).
EBERSIN, A. G.: Srednij i werchnij pliozen tschernomorskoj oblasti. – Sb. „Stratigrafija SSSR", **XII** (Neogen), Moskwa 1940.
FERSMAN, A. E.: Geochimija. – Tschast 4, Moskwa 1939.
FRANKE, D.: Zu Fragen geologischer Terminologie und Klassifikation (I) – Der Begriff Formation. – Z. angew. Geol., **8**, 4, Berlin 1962.
– Zu Fragen geologischer Terminologie und Klassifikation (II) – Der Begriff Fazies (1. Teil). – Z. angew. Geol., **9**, 1, Berlin 1963a.
– Zu Fragen geologischer Terminologie und Klassifikation (II) – Der Begriff Fazies (2. Teil). – Z. angew. Geol., **9**, 2, Berlin 1963b.
GOLOWKINSKIJ, N. A.: O permskoj formazii w zentralnoj tschasti Kamsko-Wolshskogo Bassejna. – Materialy dlja geologii Rossii, **1**, SPb. (1869).
GRESSLY, A.: Observations géologiques sur le Jura Soleurois. – N. Denkschr. allg. schweiz. Ges. ges. Naturwiss., Bd. II, Neuchâtel 1838.
HAUG, E.: Traité de Géologie. – Paris 1907.
INOSTRANZEW, A. A.: Geologitscheskije issledowanija na Sewere Rossii w 1869 i 1870 gg. – SPb. (1872).
KASAKOW, A. W.: Fosfatnyje fazii. – Tr. NIUIF, wyp. **145**, GONTI, Leningrad–Moskwa 1939.
KASAKOW, M. P., G. F. MIRTSCHINK, N. M. STRACHOW & E. W. SCHANZER: Istoritscheskaja geologija kak utschebnyj predmet. – Bjull. moskowskoje obstschestwo ispytadelej prirody, otd. geol., **12**, 3 (1934).
KLENOWA, M. W.: Geologija morja. – Utschpedgis., Moskwa 1948.
KRASCHENINNIKOW, G. F.: Fazielle Untersuchungen der Sedimentgesteine. – Eclog. Geol. Helvetiae, **51**, Basel 1959.
– Fazii, genetitscheskije tipy i formazii. – Iswestija Akademii Nauk SSSR, ser. geol. 1962, 8, Moskwa 1962.
KRISCHTOFOWITSCH, A. N.: Geologitscheskij slowar. – Tom II, Gosudarstwennoje nautschno-technitscheskoje isdatelstwo literatury po geologii i ochrane nedr, Moskwa 1955, 1960.
LUKASCHEW, K. J.: Materialy po genesu i litologii tschetwertitschnych otloschenij. – Materialy k VI kongressu INQUA w Warschawe 1961, Isudatelstwo Akademii Nauk BSSR, Minsk 1961.
MAKSIMOWITSCH, G. A.: Osnownyje typi migrazii wod na semle. – Priroda, **2** (1941).
– Poristost geosfer. – Dokl. Akad. Nauk SSSR, **37**, 7–8 (1942).
MARKEWITSCH, W. P.: Geologitscheskoje strojenije Wostotschnoj Grusii. – Isdatelstwo Akademii Nauk SSSR, Moskwa 1954.
– Ponjatije „fazija". – Isdatelstwo Akademii Nauk SSSR, Moskwa 1957.
MARKOWSKI, B. P.: Tesisy doklada „termin i ponjatije fazija". – Litolog. sb., **1**, Gostoptechisdat, Leningrad–Moskwa 1948.
MASAROWITSCH, A. N.: Istoritscheskaja geologija. – Obedinenoje nautschnotechnitscheskoje isdatelstwo IKTP SSSR, Moskwa–Leningrad 1938.
NALIWKIN, D. W.: Utschenije o fazijach. – Isd. 2-je, Moskwa 1932.
– Utschenije o fazijach. – Isd. 3-je, I–II, Isdatelstwo Akademii Nauk SSSR, Moskwa–Leningrad 1956.
PUSTOWALOW, L. W.: Geochimitscheskije fazii i ich snatschenije w obstschej i prikladnoj geologii. – Problemy Sowjetskoj Geologii, **1** (1933).
– Petrografija osadotschnych porod. – Tschast I–II, Gostoptechisdat, Moskwa 1940.
– O terrigenno-mineralogitscheskich fazijach. – Bjull. moskowskoje obstschestwo ispytadelej prirody, otd. geol., **12**, 5 (1947).
– Sowremennoje sostojanije woprosa ob osadkonakoplenii. – Congr. Géol. Intern., C. R., XIX Sess. Alger 1952, Sec. XIII, Fasc. XIII (1954).
RAUSER-TSCHERNOUSOWA, D. M.: Fazii werchnekamennougolnych i artinskich otloshenij Sterlitamaksko-Ischimbajskogo Priuralja. – Tr. Inst. Geol. Nauk, **119**, geol. ser. (No. 43), Isdatelstwo Akademii Nauk SSSR, Moskwa 1950.
RUCHIN, L. B.: Tipy pestschanych fazij. – Litolog. sb., **1**, Gostoptechisdat, Leningrad–Moskwa 1948.
– Osnowy litologii. – Gostoptechisdat, Leningrad–Moskwa 1953. Deutsche Ausgabe: Grundzüge der Lithologie. – Akademie-Verlag, Berlin 1958.
SCHATSKIJ, N. S.: Paragenesy osadotschnych i wulkanogennych porod i formazii. – Iswestija Akademii Nauk SSSR, ser. geol. 1960 (No. 5), Moskwa 1960.
SCHWEZOW, M. S.: Petrografija osadotschnych porod. – Isd. 2-je, Gos. isd. geol. lit., Moskwa 1948.
SELENOWA, O. I.: Litologija, fazii i geochimitscheskije osobennosti otloshenij alajskogo jarusa Tadshikskoj Depressii. – Trudy instituta geologii, rudnych mestoroshdenij, petrografii, mineralogii i geochimii, **53**, Moskwa 1961.
SHEMTSCHUSHNIKOW, J. A.: K woprosu o sowremennom sostojanii aktualistitscheskogo metoda w litologii. – Litolog. sb., **1**, Gostoptechisdat, Leningrad–Moskwa 1948.
– Tschto takoje fazija. – Litolog. sb., **1**, Gostoptechisdat, Leningrad–Moskwa 1948.
SLOSS, L. L., W. C. KRUMBEIN & E. C. DAPPLES: Integrated facies analysis. – Geol. Soc. America Mem., **39** (1949).
STRACHOW, N. M.: Osnowy istoritscheskoj geologii. – Tschast I, Gos. isd. geol. lit., Moskwa–Leningrad 1948.
– Iswestkowo-dolomitowyje fazii sowremennych i drewnich wodojemow. – Trudy Inst. Geol. Nauk, **124**, geol. ser. (No. 45), Isdatelstwo Akademii Nauk SSSR, Moskwa 1951.
– Osnowy teorii litogenesa. – Tschast I–II, Isdatelstwo Akademii Nauk SSSR, Moskwa 1960.
TEICHERT, C.: Concepts of facies. – Bull. Amer. Assoc. Petrol. Geol., **42**, Tulsa, Oklah., 1958.
TEODOROWITSCH, G. I.: Osadotschnyje geochimitscheskije fazii. – Bjull. moskowskoje obstschestwo ispytadelej prirody, **42**, otd. geol., **22**, 1 (1947).
– Litologija karbonatnych tolstsch paleosoja Uralo-Wolshskoj oblasti. – Isdatelstwo Akademii Nauk SSSR, Moskwa 1950.
– Utschenije ob osadotschnych porodach. – Gostoptechisdat, Moskwa 1958.
WASILENKOW, W. K.: Osnownyje ponjatija litologii (tesisy doklada). – Litolog. sb., **1**, Gostoptechisdat, Leningrad–Moskwa 1948.
WASSOJEWITSCH, N. B.: Ewoljuzija predstawlenij o geologitscheskich fazijach. – Litolog. sb., 1, Gostoptechisdat, Leningrad–Moskwa 1948.
– Uslowija obrasowanija flischa. – Gostoptechisdat, Moskwa 1951.
– Die Schichtung im Lichte von der sedimentären Differentiation. – Z. angew. Geol., **1**, 4, Berlin 1955.
WWEDENSKIJ, B. A.: Bolschaja sowetskaja enziklopedija. – Tschast **44**, Gosudarstwennoje nautschnoje isdatelstwo, Moskwa 1956.

Internationale Abstimmung über die prognostischen Vorräte

FRIEDRICH STAMMBERGER, Berlin

1. Vorbemerkung

Vom 18. bis 21. Dezember 1962 tagte in Moskau eine zeitweilige geologische Arbeitsgruppe, der die Aufgabe gestellt war, die Grundsätze und Methoden der Einschätzung prognostischer Vorräte festzulegen.

An dieser Arbeit nahmen Geologen aus Bulgarien, Ungarn, Polen, der UdSSR, der ČSSR und der DDR teil, die einleitend über den Stand dieser Fragen in ihren Ländern berichteten. Außerdem hatten die Teilnehmer Gelegenheit, sich mit einigen konkreten Beispielen aus der sowjetischen Praxis bekannt zu machen, die ihnen von hervorragenden sowjetischen Wissenschaftlern erläutert wurden (MOMDSHI, GIMMELFARB, BINDEMEN u. a.).

Die zeitweilige Arbeitsgruppe war auf Vorschlag der DDR gebildet worden, weil wir das dringende Bedürfnis hatten, unsere bisherigen Erkenntnisse mit den Geologen der befreundeten Länder zu diskutieren, und die prognostischen Vorräte bei der Ausarbeitung langfristiger Perspektivpläne eine immer größere, nicht zu unterschätzende Bedeutung erlangen.

Im Hinblick auf die in der DDR gegenwärtig durchzuführenden Neuberechnungen der prognostischen Vorräte der wichtigsten Rohstoffe haben die durchgeführte Beratung und ihre Ergebnisse große aktuelle Bedeutung.

2. Zur Definition der prognostischen Vorräte

Die vereinbarte Definition der prognostischen Vorräte lautet:

„Prognostische Vorräte sind nichterkundete Vorräte nutzbarer Bodenschätze, die auf Grund der Gesetzmäßigkeiten der Lagerstättenbildung und -verteilung des betr. Rohstoffes sowie von Untersuchungen, mit denen der geologische Bau und die geologische Entwicklung des einzuschätzenden Gebietes erkannt wurden, vermutet werden."

Diese Definition widerspricht nicht § 1, Pkt. 3, und § 4, Pkt. 1, der 2. DDR-Vorratsklassifikation (1962). Sie enthalten gemeinsam die wesentliche Forderung, daß sich die Vorratsvoraussage mindestens auf festgestellte allgemein-geologische Tatsachen stützen muß. Die in Moskau vereinbarte Definition formuliert recht eindeutig die Arbeitskomplexe, die einer Einschätzung der prognostischen Vorräte vorausgehen müssen:

a) Untersuchungen zwecks weitgehender Klärung des geologischen Baus des zu prognostizierenden Gebietes;

b) Ermittlung der Gesetzmäßigkeiten für die Bildung und lokale Verteilung von Lagerstätten des erwarteten Typs.

Wenn derartige Arbeiten nicht durchgeführt wurden, ist eine wissenschaftliche Einschätzung der zu erwartenden Vorräte unmöglich. In Punkt 4 der vereinbarten Grundsätze heißt es denn auch völlig unmißverständlich:

„Prognostische Vorräte werden auf Grund von Unterlagen berechnet, die im Ergebnis weiträumiger komplexer geologischer, geophysikalischer und geochemischer Untersuchungen über die geologische Entwicklungsgeschichte und die Besonderheiten des geologischen Baus des betreffenden Gebietes erhalten wurden, sowie durch die Analyse der struktur-tektonischen, mineralo-petrographischen, lithologo-stratigraphischen, paläogeographischen und anderen Faktoren, welche die Bedingungen für das Auftreten des nutzbaren Bodenschatzes bestimmen.

Die quantitative und qualitative Einschätzung der prognostischen Vorräte von Lagerstätten nutzbarer Bodenschätze erfolgt unter Beachtung der genannten Faktoren, der Unterlagen aus bekannten Lagerstätten des analogen Typs sowie vorhandener statistischer Unterlagen."

Damit dürften die prognostischen Vorräte und ihre Berechnung eindeutig von unbegründeten Einschätzungen und subjektiven Meinungen (und sog. „Milchmädchenrechnungen") abgegrenzt sein. Die prognostischen Vorräte unserer Klassifikation sind keine Spekulationen, sie müssen sich auf ein unerläßliches Minimum an Kenntnissen stützen, deren nüchterne, objektive Analyse Antwort gibt, ob überhaupt prognostische Vorräte zu erwarten sind, wieviel und welcher Qualität. Die Berechnung prognostischer Vorräte ist daher nicht leichter und einfacher als die Berechnung erkundeter Vorräte, sondern schwerer und komplizierter. Sie verlangt eine unvergleichlich größere geologische Qualifikation der Bearbeiter (STAMMBERGER 1962).

3. Die Gruppierung der prognostischen Vorräte

Vom Standpunkt der vorhandenen Unterlagen — aus denen sich zwangsläufig die Exaktheit und Zuverlässigkeit der ermittelten prognostischen Vorräte ergibt — könnten mindestens vier Untergruppen unterschieden werden (s. STAMMBERGER & REINHOLD 1961).

In Moskau wurden besonders drei hervorgehoben, die erforderlichenfalls unterschieden werden können:

a) prognostische Vorräte auf nichterkundeten Teilen einzelner Lagerstätten oder Erzfelder (neue Erzkörper, tieferliegende Lager usw.);

b) prognostische Vorräte in Gebieten, in denen Lagerstätten oder industrielle Vererzungen usw. bereits festgestellt wurden;

c) prognostische Vorräte in Gebieten, in denen weder Lagerstätten noch industrielle Vererzungen usw. bisher bekannt sind.

Zu dieser Gruppierung (dieser Dreiteilung) gab es eine sehr lebhafte Aussprache. Mehrere Länder, darunter die DDR, ČSSR u. a., wiesen darauf hin, daß in ihren Klassifikationen gefordert wird, die allgemeinen Umrisse der Lagerstätte unbedingt festzustellen, selbst wenn zunächst nur ein Teil der Lagerstätte eingehend erkundet und genutzt wird.

Es wurde auf die Unsicherheit hingewiesen, die mit Verringerung der eingeschätzten Fläche zwangsläufig nach dem Gesetz der großen Zahl wächst.

Unter Berücksichtigung der Lage in allen Ländern der sozialistischen Wirtschaftsgemeinschaft wurde die obenerwähnte Dreiteilung als „Kann"-Festlegung in die Grundsätze aufgenommen.

Ein Vergleich mit den DDR-Festlegungen zeigt weitgehende Übereinstimmung. Bei (b) und (c) handelt es sich eindeutig um die Untergruppen Delta-1 und Delta-2; die erste Gruppe (a) muß in der DDR — wenn sie nicht als C_2 erkundet wurde — ebenfalls in Delta-1 eingestuft werden.

4. Abgrenzung der C_2-Vorräte von den prognostischen

In der Aussprache wurden zwei Besonderheiten hervorgehoben, die C_2-Vorräte von prognostischen Vorräten unterscheiden:

a) C_2-Vorräte sind exakt lokalisiert, prognostische Vorräte werden dagegen ohne diese Exaktheit für größere Gebiete, Flächen usw. berechnet.

b) Die Parameter der Berechnung von C_2-Vorräten sind entweder durch weiträumige Erkundung **direkt** festgestellt oder werden — bei Extrapolation — auf unmittelbar angrenzende Bereiche aus untersuchten Blöcken übertragen. Die Parameter zur Einschätzung prognostischer Vorräte müssen dagegen **indirekt** — aus den Einfluß nehmenden Faktoren — bestimmt werden, sind begründet vermutete.

C_2-Vorräte an Erdöl oder Erdgas müssen sich z. B. auf eine ganz konkrete Struktur oder ihren Teil beziehen. Prognostische Vorräte werden dagegen z. B. für ein ganzes Becken mit vielen Strukturen berechnet, von denen einige erdöl-erdgas-führend sind, andere nicht. Die Berechnung der Vorräte sagt in der Regel nicht, in **welchen** konkreten Strukturen der Rohstoff angetroffen bzw. erwartet wird.

Generell wurde hervorgehoben, daß die Grenze zwischen C_2 und prognostischen Vorräten — nötigenfalls — präziser in den Klassifikationen definiert werden muß. Die DDR hat in ihren Klassifikationen bereits diese Abgrenzung vorgenommen. Insbesondere wurden die C_2-Vorräte der Erdöl-Erdgas-Klassifikation (1961) enger als in der derzeit gültigen sowjetischen Klassifikation gefaßt.

5. Weitere Festlegungen

a) Es wurde festgelegt, daß prognostische Vorräte bis zu Teufen berechnet werden, die dem bergmännischen Abbau zugänglich sind, d. h. im wesentlichen mit den derzeitig für Bilanzvorräte festgelegten Teufen übereinstimmen.

b) Die Grenze für die Qualität des Rohstoffes muß unter Beachtung der Anforderungen der Industrie und den ökonomischen Besonderheiten des Landes festgelegt werden, d. h. im wesentlichen mit den gültigen Konditionen übereinstimmen.

Beide Festlegungen entsprechen somit der in § 4, Pkt. 2, der DDR-Vorratsklassifikation getroffenen Festlegung, unter prognostischen Vorräten nur jene Vorräte zu verstehen, die sich „nach der Durchführung von Untersuchungsarbeiten als Bilanzvorräte" erweisen.

c) Die volkswirtschaftliche Bedeutung der prognostischen Vorräte wurde in Moskau wie folgt definiert:

„Die prognostischen Vorräte gestatten es, die Möglichkeit einer Erweiterung der mineralischen Rohstoffbasis des betreffenden Volkswirtschaftszweiges zu beurteilen. Sie sind die Grundlage für die Planung und die Wahl der Richtung aller Arten geologischer Forschungen und geologischer Erkundungsarbeiten."

Diese Definition stimmt mit § 13, Pkt. 1, und § 17, Pkt. 2, der 2. DDR-Vorratsklassifikation (1962) überein.

d) Die Berechnungsmethoden für prognostische Vorräte müssen gemäß den Moskauer Festlegungen für die verschiedenen Rohstoffarten und Lagerstättentypen speziell ausgearbeitet werden. Die Arbeiten in dieser Hinsicht ebenso wie die Aussprache über die theoretischen Gesichtspunkte hierzu laufen in der DDR bereits seit 1961.

Literatur

STAMMBERGER, F.: Zur Berechnung prognostischer Erdöl- und Erdgasvorräte. — Z. angew. Geol., H. 6, Berlin 1962.

STAMMBERGER, F. & D. REINHOLD: Über die prognostischen Vorräte. — Bergakademie, H. 11, Freiberg 1961.

1. DDR-Vorratsklassifikation für Erdöl und Erdgas. — Z. angew. Geol., H. 7, Berlin 1961.
2. Klassifikation der Lagerstättenvorräte fester mineralischer Rohstoffe der DDR. — Z. angew. Geol., H. 9, Berlin 1962.

Geologie, Lagerstätten-Lehre und -Erkundung[1])

(Ein Diskussionsbeitrag zum Aufsatz von W. M. KREJTER, Moskau, Z. angew. Geol., Bd. 8, H. 9, Berlin 1962)

RUDOLF HOHL, Halle (Saale)

Überall in der Welt ist die moderne Wissenschaft durch immer weitergehende Spezialisierung gekennzeichnet. Dabei kommen ständig neue Teilgebiete zu den einzelnen Wissenszweigen hinzu und entwickeln sich allmählich zu selbständigen Fachdisziplinen. Dies zeigt sich insbesondere in den Naturwissenschaften, bei denen durch Forschungen auf Grenzgebieten zu benachbarten Wissenschaften, wie beispielsweise Biochemie und Biophysik, oder durch Forscherkollektive der verschiedenen Fachrichtungen — man denke nur an den bemannten Raumflug — Ergebnisse und Fortschritte erzielt worden sind, die man noch vor wenigen Jahrzehnten für unmöglich gehalten hätte. Die Spezialisierung hat auch vor der Geologie nicht haltgemacht; viele Sondergebiete sind entstanden und bereits unentbehrlich geworden, wie die angewandte Geophysik und die Geochemie.

Um diese Entwicklung auch bei uns richtig verstehen zu können, erscheint es zweckmäßig, einen Blick rückwärts zu tun. Historische Betrachtungen sind immer nützlich, um einen folgerichtigen Standpunkt zu beziehen. Dabei will ich mich im wesentlichen auf die Zeit nach dem 1. Weltkrieg beschränken.

Während ehemals an Universitäten und Hochschulen Geologie, Paläontologie, Mineralogie, Petrographie und Lagerstättenlehre in einer einzigen Hand lagen, war bis auf wenige Ausnahmen um 1920 herum die Entwicklung so weit fortgeschritten, daß neben einem Geologisch-Paläontologischen Institut ein Mineralogisch-Petrographisches Institut bestand, unabhängig davon, ob in der Bezeichnung diese Doppelbegriffe auftauchten oder nur zum Beispiel von einem Mineralogischen oder Geologischen Institut die Rede war. Der eine Ordinarius vertrat dabei gleichzeitig Mineralogie, Petrographie und verwandte Zweige ebenso wie der andere zusammen Geologie und Paläontologie. Nur an Technischen Hochschulen, an denen die Geowissenschaften lediglich als Nebenfach für zukünftige Diplom-Ingenieure der Fachrichtungen Bauingenieurwesen u. a. m. gelehrt werden, war eine einzige Professur für Mineralogie-Petrographie und zugleich Geologie mit Paläontologie vorhanden, wenn auch, wie z. B. in den 30er Jahren in Dresden, jüngere Kräfte (Privatdozenten, a. o. Professoren) für bestimmte Teilgebiete zusätzlich zur Verfügung standen. Diesen Zustand finden wir teilweise heute noch (TU Dresden), obwohl er überholt scheint und endlich auch dort eine Trennung von Mineralogie und Geologie durch Besetzung mit zwei Fachvertretern durchgeführt werden möge. Sind doch Mineralogie und Petrographie physikalisch-chemisch gerichtete Wissenschaften, während die Geologie letzlich in der Erdgeschichtsforschung gipfelt und auf der Basis physikalisch-chemischer und biologischer Grundlagen die historische Betrachtungsweise das der Geologie speziell Eigene darstellt.

Als ich selbst i. J. 1926 in Leipzig mein Studium begann, war der Ordinarius (F. KOSSMAT) Professor für Geologie und Paläontologie wie auch heute noch die meisten Ordinarien. Beide Wissenschaften galten damals — im Gegensatz zu heute — bei der mündlichen Doktorprüfung als ein einziges der drei zu prüfenden Fächer, ebenso wie Mineralogie, Petrographie und Lagerstättenlehre. Bei der Staatsprüfung für das Lehramt an Oberschulen waren sogar alle diese Wissenschaften zusammen nur ein Prüfungsfach, das abwechselnd vom Geologen oder Mineralogen geprüft wurde. Außer F. KOSSMAT war am Institut in Leipzig, von Privatdozenten abgesehen, noch Prof. Dr. E. KRENKEL, der bekannte Afrikaforscher, als „planmäßiger a. o. Professor" tätig. Er leitete ein kleines geologisches Praktikum (2 Stunden) und las u. a. ein Kolleg „Die Bodenschätze Deutschlands" (2 Stunden). Ich selbst habe als Assistent zu dieser Vorlesung, die im Überblick Erze, Kohlen, Salze usw. und deren Verwertung behandelte, eine einstündige Übung abgehalten, die der Ergänzung der Vorlesung diente und mehr oder weniger ebenfalls als Vorlesung aufgezogen wurde. Die Paläontologie war durch den nichtplanmäßigen a. o. Professor Dr. J. FELIX, den Verfasser der „Leitfossilien", vertreten, der aber infolge hohen Alters höchstens eine einstündige Vorlesung bzw. Übung, beispielsweise im Präparieren von Fossilien, abhielt.

Die eigentliche „angewandte Geologie", sei es als Montangeologie, Hydrogeologie, Ingenieurgeologie oder ähnliches, war seinerzeit auf den Universitäten überhaupt nicht vorhanden, obwohl der junge Geologe, der bei der geringen Stellenzahl nach dem Doktorexamen das Glück hatte, in seinem Beruf in der staatlichen Geologischen Landesuntersuchung unterzukommen, dort, wenn auch in weit bescheidenerem Umfang als heutzutage, bei gutachtlichen Arbeiten mit praktisch-angewandten Fragen seines Faches in Berührung kam. Seine breite Ausbildung in den Grundlagen seiner Wissenschaft und der erfahrene Rat älterer Kollegen ermöglichten ihm jedoch, bei zusätzlichem Selbststudium mit diesem offensichtlichen Mangel fertig zu werden und den an ihn gestellten Anforderungen, wenn auch nur allmählich, zu genügen. Manche Kollegen entwickelten sich dabei zu hervorragenden Spezialisten auf Gebieten, von denen sie während ihres Studiums bestimmt kein Wort gehört hatten, beispielsweise der vor kurzem verstorbene Prof. Dr. K. R. GRAHMANN oder unser Prof. Dr. W. HOPPE.

Montangeologie war zu jener Zeit allein Ausbildungsziel und Forschungsrichtung der Bergakademien. Studierende des Bergbaufaches schlossen ihr Studium als Diplom-Berging. ab und hörten im Rahmen ihrer Ausbildung naturgemäß Vorlesungen in Mineralogie, Geologie und besonders in Lagerstättenkunde. Wer sich näher für diese Richtungen interessierte, konnte nach bestandenem Diplomexamen — das war Voraussetzung — eine Dissertation anfertigen und zum Dr.-Ing. promovieren, also auch mit einer lagerstättenkundlichen Arbeit. In Freiberg wurden vor allem Untersuchungen über Erzlagerstätten, speziell Ganglagerstätten, ausgeführt. Bekannte Forscher, wie Prof. Dr. O. OELSNER, Freiberg, Dr. H. REH, Jena, und Prof. Dr. E. TRÖGER (†), Freiburg i. Br., haben eine solche Ausbildung an der Bergakademie Freiberg genossen, die sie dank ihres voraufgehenden bergbaulichen Studiums befähigte, als Montangeologe nicht nur im Inland tätig zu sein, sondern in aller Welt Lagerstätten zu erkunden, aufzuschließen und ggf. später mitunter die entstehenden Betriebe zu leiten.

In den letzten beiden Jahrzehnten vor dem 2. Weltkrieg bahnte sich in der ganzen Welt immer deutlicher eine neue Entwicklung der Geowissenschaften an. Zur „praktischen Geologie", der geologischen Kartierung usw. kommt die „angewandte Geologie", d. h. die Anwendung geologischer Kenntnisse und Erfahrungen auf anderen Gebieten, einmal immer stärker im Bergbau und ganz neu in der Bautechnik usw. Bald entwickeln sich eigene Teilgebiete, die neuartige Forschungsaufgaben haben. Zur Montangeologie, der Lagerstättenkunde im weitesten Sinne, treten „Ingenieurgeologie" (REDLICH-TERZAGHI-KAMPE, Ingenieurgeologie 1929) und „Hydrogeologie". Die „Steine und Erden" einschl. der Technischen Gesteinskunde sind Zweige, die sowohl zur Montangeologie als auch zur Ingenieurgeologie Beziehungen haben.

Von der Geologie spaltet sich die Paläontologie immer stärker ab; an der Humboldt-Universität zu Berlin bestehen seit dem 1. 1. 1962 zwei getrennte Institute, ein Geologisches und ein Paläontologisches. Damit hat sich auch in der DDR eine Entwicklung angebahnt, die sich in anderen Ländern bereits früher vollzog. Es ist dabei zunächst ohne Belang, ob man getrennte Lehrstühle und Institute schafft oder die Institute als Ganzes beläßt und in zwei Abteilungen Geologie und Paläontologie aufgliedert.

[1]) Eingang des Manuskripts in der Redaktion: 26. 11. 1962

Während noch in den 30er Jahren nur wenige Geologen nach der Promotion in ihrem Beruf unterkommen konnten und, von Ausnahmen abgesehen, sich insbesondere im Rahmen der staatlichen Geologie (Geologische Landesuntersuchung) mit der geologischen Spezialkartierung befaßten hat sich in der DDR (und auch anderswo) nach 1945 dieses Bild völlig gewandelt. Dadurch, daß die Bodenschätze in den sozialistischen Staaten in Volkseigentum übergeführt und eine staatliche Planwirtschaft aufgebaut wurde, mußte notwendig die geologische Erkundung von Rohstoffen mit dem Ziel volkswirtschaftlicher Nutzung systematisch gelenkt werden. Zu diesem Zweck wurde in der DDR die Staatliche Geologische Kommission geschaffen, deren Aufgaben gänzlich andere sind, als die der alten Geologischen Landesämter waren. Eine neue Fachrichtung befaßt sich mit dem Prozeß der geologischen Erkundung einer Lagerstätte und den einzelnen aufeinander aufbauenden, im Laufe der Entwicklung und Diskussion unterschiedlich benannten Erkundungsstadien und den Konditionen. Jede Erkundung verlangt eine Zusammenfassung der Ergebnisse und Berechnungen (keine Schätzungen!) der nachgewiesenen Mineralvorräte, die von der ,,Zentralen Vorratskommission für mineralische Rohstoffe" kontrolliert werden. Eine solche Entwicklung brachte mit sich, daß der Bedarf an Geologen, Mineralogen, angewandten Geophysikern u. a. m. stark angestiegen ist. Der größte Teil der Hochschulabsolventen ist bei der Staatlichen Geologischen Kommission und deren Einrichtungen, in Bergbaubetrieben und in den Bezirksstellen für Geologie vornehmlich bei der Lagerstättenerkundung und auf den verschiedenen Zweigen der angewandten Geologie tätig. Die Forderungen, die die Praxis an die Ausbildung der jungen Kader an den Hochschulen stellt, sind andere als früher. Den berechtigten Wünschen der Bedarfsträger war im Lehrplan Rechnung zu tragen. Außer einer gut fundierten theoretischen Grundausbildung, die auch zukünftig die unerläßliche Voraussetzung für alle Arbeiten sein muß und bleiben wird, sollten die Absolventen bei ihrem Eintritt in das Berufsleben gewisse Kenntnisse und Erfahrungen für ihre ,,angewandte" Tätigkeit mitbringen. Der wissenschaftliche Beirat für Geologie beim Staatssekretariat für das Hoch- und Fachschulwesen hat im Studienplan Nr. 8, Geologie, vom 1. 9. 1956 einen Lehrplan entworfen, der Vorlesungen, Übungen, Berufspraktika usw. enthält, die — richtig durchgeführt — die Gewähr dafür bieten, daß das gesteckte Ziel erreicht wird. Dabei können auf den Universitäten naturgemäß nur gewisse Grundlagen der praxisverbundenen Teildisziplinen gelehrt werden. Der beste Lehrmeister ist die Praxis selbst, in der Geologie ebenso wie auf allen anderen Gebieten. Der Lehrplan Nr. 8, Geologie (für die Universität Halle), enthält an solchen Fächern:

	Studienjahr:	Vorlesungen:	Übungen:
Hydrogeologie	3.	2	2
Ingenieurgeologie	4.	2	2
Geologie der Nichterze	4.	6	4
Geologie der Erzlagerstätten	3.	2	—
Angewandte Geophysik	4.	3	2
Bergbaukunde, Bohrwesen	4.	2	—
Methodik der Erkundung, Bemusterung von Lagerstätten	4.	2	1

Dazu kommen noch mehrere fakultative Lehrveranstaltungen, wie z. B. Bodenmechanik, erzmikroskopische Übungen, Geochemie u. a. m. Dieser Ausbildungsplan stellte die Institutsdirektoren seinerzeit vor die Aufgabe, die angesetzten Lehrveranstaltungen zur Durchführung zu bringen. Das war deshalb nicht ganz leicht, weil an den Hochschulen weder genügend Lehrkräfte vorhanden waren, noch diese immer die notwendige Verbindung zur Praxis besaßen. Es versteht sich von selbst, daß diese Gebiete vom Lehrenden selbst eigenes Können, eine vielseitige praktische Tätigkeit und ständige Verbindung mit der Entwicklung in der Praxis verlangen. Allein aus der Literatur kann man den Stoff nicht erarbeiten, geschweige denn eine Vorlesung oder Übung halten. Die Hochschulen beschritten den von den staatlichen Stellen empfohlenen Weg, erfahrene Praktiker zur Übernahme von Lehrveranstaltungen zu gewinnen. Diese Methode hat sich durchaus bewährt und bewährt sich auch heute noch, da unmöglich ein einziger Dozent das Gesamtgebiet der Montangeologie, der angewandten Geologie in ihrer ganzen Breite, der Erkundungsmethodik usw. beherrschen und lehren kann. Damit hat sich die Hochschule, im Gegensatz zu früher, den Erfordernissen der Zeit, d. h. der Praxis, weitgehend angepaßt.

Blickt man auf die Entwicklung, die die Geologie in den sozialistischen Ländern genommen hat, stellt man fest, daß nicht nur Geologie und Paläontologie bereits getrennt sind, sondern daß meist eigene Lehrstühle für Lagerstättenkunde sowie für Hydrogeologie und Ingenieurgeologie bestehen. Teilweise sind auch Hydrogeologie und Ingenieurgeologie noch getrennt, ja, es existieren eigene Institute für diese Fächer wie in der UdSSR, deren Verhältnisse infolge der Weite und Unterschiedlichkeit des Landes andere sind als bei uns in Mitteleuropa und keinesfalls rein formal übertragen werden können. An der Universität Warszawa und anderen Orten besitzt außerdem die Quartärgeologie einen eigenen Lehrstuhl.

Auch wir in der DDR benötigen Spezialisten, beispielsweise auf hydrogeologischem Gebiet, da der ständig steigende Wasserbedarf ein Problem darstellt und die Entwicklung unserer Wirtschaft, ganz besonders der chemischen Industrie, von der Erforschung der hydrogeologischen Verhältnisse und dem Nachweis der gewinnbaren Wassermengen abhängt. Die hydrogeologische Forschung, speziell Untersuchungen über die unterirdische Wasserführung und die ohne Schädigung des Wasserhaushaltes nutzbaren Grundwassermengen, werden zu einem der Schwerpunkte der Forschung der nächsten Zeit werden. Auch die Lehre muß sich darauf orientieren. Aus diesem Grunde haben wir vorausschauend in Halle (und auch an der Bergakademie Freiberg) schon seit einigen Jahren die Stundenzahl für Hydrogeologie (Vorlesungen und Übungen) von 4 auf 6 erhöht.

Aber auch Ingenieurgeologen, Spezialisten für die Rohstoffe der Keramik usw. werden gebraucht. Trotz allem empfiehlt es sich in der DDR keinesfalls, etwa eigene Lehrstühle für diese Disziplinen zu schaffen, da die im ganzen doch geringe Zahl an Kadern die hohen finanziellen Aufwendungen nicht rechtfertigt. Das kann nicht heißen, daß diese Richtungen an den Hochschulinstituten nicht gepflegt werden sollten.

In größerer Zahl benötigen wir Montan- und Erkundungsgeologen, wie F. STAMMBERGER als berufener Vertreter von neuem hervorhebt (1963, S. 37ff.). Er schlägt vor, eine entsprechende Ausbildung zu organisieren, am besten an der Bergakademie Freiberg (Sa.) und ggf. auch im Fernstudium. Dies ist eine alte Forderung, und der Lehrplan Nr. 8a für das Geologiestudium an der Bergakademie wird dem insofern gerecht, als in Klammern hinter Geologie das Wort ,,Erkundung" gesetzt ist. Im übrigen habe ich mich bereits früher (1957, S. 110) dahingehend geäußert, das Spezialstudium als Montan- oder Erkundungsgeologe in Freiberg durchzuführen, weil dort durch die enge Verbindung mit der Bergbaufakultät Voraussetzungen gegeben sind, die an den Universitäten fehlen. Freilich habe ich gleichzeitig betont, daß das nicht bedeuten dürfte, die praktisch-angewandte Seite unserer Wissenschaft an den Universitäten zu vernachlässigen. Nachdem ich selbst eine Zeitlang in Freiberg als Chefgeologe des ehemaligen Geologischen Dienstes und vordem in Leipzig als Leiter der dortigen Arbeitsstelle tätig war, dazu drei Jahre an der Bergakademie einen Lehrauftrag für Hydrogeologie wahrgenommen habe, glaube ich feststellen zu dürfen, daß die erstrebte Ausbildung in Freiberg durchaus gesichert ist, da eine vielseitige Orientierung der Studierenden erfolgt. Die Entwicklung einer eigenen Fachrichtung ,,Erdölgeologie" am Institut für Brennstoffgeologie lehrt, daß auch diesem Wunsche der Industrie bereits Rechnung getragen wurde.

Der Aufsatz von W. M. KREJTER in dieser Zeitschrift (1962, S. 449—453) wirft nun eine neue Frage auf, die auch F. STAMMBERGER ebenda (1963, S. 37ff.) hervorhebt: Es zeigt sich in der Lagerstättenkunde der UdSSR eine Entwicklungstendenz, die dieses Gebiet in ,,zwei profilierte Richtungen" teilt (KREJTER, S. 449). Der eine Zweig ist die eigentliche Lagerstättenkunde, die sich speziell mit der Genese der Lagerstätten mineralischer Rohstoffe, mit ihrer regionalen Verbreitung und der Klassifikation der Lagerstättentypen, z. B. nach genetischen Prinzipien wie bei H. SCHNEIDERHÖHN, nach dem nutzbaren Metall, nach der äußeren Form, nach regional-genetischen Faktoren, nach Lagerstättentypen wie bei der französischen Schule, u. a. m. befaßt. Der andere Zweig könnte „Methodik des Aufsuchens und der Erkundung von Lagerstätten mineralischer Rohstoffe" genannt werden. Hierzu gehören nach KREJTER auch die Untersuchung der geologischen Begründung angewandter Methoden, das Studium der Verfahren zur Ermittlung der Formen und Lagerungsverhältnisse der Erzkörper (besser wäre „Lagerstättenkörper", der Verf.), die Bemusterungsarten und die Vorratsberechnung, ferner die industrielle Einschätzung der Lagerstätten und Elemente der Grubengeologie. KREJTER schlägt um der Klarheit willen vor, besser von einer „Lehre vom Aufsuchen und Erkunden von Lagerstätten mineralischer Rohstoffe" zu sprechen als von einer Methodik. In diesem Zweig, der also den effektiven Nachweis und die industrielle Einschätzung von Lagerstätten zum Inhalt hat, spielen ökonomische Gesichtspunkte eine wichtige Rolle. In der UdSSR gibt es für dieses Fachgebiet, das nach F. STAMMBERGER (1963, S. 37ff.) bereits ein selbständiger Wissenschaftszweig geworden ist, seit 1922 (Leningrader Berginstitut) eigene Lehrstühle. KREJTER weist aber selbst darauf hin, daß es über diese Einrichtung auch heute nach 40 Jahren noch zahlreiche Diskussionen gäbe und durchaus nicht alle Stellen und Fachleute von der Notwendigkeit und Richtigkeit dieser Entwicklung überzeugt seien, ja, daß einige Geologen sogar „geringschätzig" über diese Aufspaltung urteilten (S. 451).

KREJTER schildert die systematische Entwicklung der Geowissenschaften in der UdSSR und weist die enge Verbindung beider Teile der Lagerstättenkunde nach. Er vertritt die „Selbständigkeit" der „Lehre vom Aufsuchen" usw. und deren Zugehörigkeit zu den Geowissenschaften, wenn auch engere Beziehungen zum Kreis der bergbaumechanischen Wissenschaften beständen (S. 451) als bei den übrigen Zweigen der Geologie. Deutlich stellt er den zu erwartenden volkswirtschaftlichen Nutzeffekt einer entsprechenden Lehre und Forschung heraus. In der westlichen Welt fehlte diese Disziplin noch ganz, wenn sich auch dort bereits Anzeichen dafür fänden, eine ähnliche Entwicklung anzubahnen. KREJTER lehnt es also ab, die „Lehre vom Aufsuchen usw." an den Hochschulen mit der „Lagerstättenkunde" selbst zu vereinigen. Im übrigen sei auf seine Ausführungen im einzelnen hingewiesen.

Da diese Meinung auch bei uns diskutiert werden soll und ggf. von größerer Bedeutung werden könnte, müssen wir uns fragen, welcher Weg in unserer Republik zweckmäßig erscheint.

Abgesehen davon, daß in den Vorlesungen „Erzlagerstätten", „Lagerstätten der Nichterze" usw. auch Hinweise für das Aufsuchen usw. gegeben werden, existiert, wie oben ausgeführt wurde, an unseren Hochschulen eine zweistündige Vorlesung „Methodik der Erkundung, Bemusterung und Bewertung von Lagerstätten", zu der eine einstündige Übung gehört. Wenn diese von einem erfahrenen Praktiker gehalten wird, d. h. von einem Geologen, der selbst Lagerstättenerkundungen und Vorratsberechnungen auf den verschiedensten Gebieten durchgeführt und geleitet hat — nicht etwa von einem Theoretiker, der praktisch noch niemals damit zu tun hatte und dessen Kenntnisse allein aus der Literatur stammen —, erscheint in unserem Rahmen bereits erreicht, was gefordert wird. Daß eine solche Lehrveranstaltung an allen Hochschulen, die Geologen ausbilden, zur Einführung und Vermittlung von Grundlagen und Erfahrungen durchgeführt werden muß, und zwar keinesfalls nebenher von einem Assistenten oder sonstigen Anfänger, der nicht über jahrelange eigene Erfahrungen verfügt, bedarf keiner weiteren Begründung. Da ich selbst eine Reihe von Jahren diese Vorlesung und Übungen abgehalten habe, glaube ich, mir das Urteil erlauben zu können, daß die vorgesehenen Stunden ausreichen, wenn an den betreffenden Instituten in den Übungen zur Hydrogeologie, Lagerstättenkunde usw. gleichfalls, wie das an sich selbstverständlich ist, auf die anstehenden Fragen hingewiesen und eingegangen wird, beispielsweise anhand von Dokumentationen und Erkundungsberichten, die ich mir jeweils von den Erkundungsbetrieben ausleihe. Im Prinzip habe ich in 30 Stunden, kurz zusammengefaßt, behandelt: Entwicklung der geologischen Kartierung und Erkundung; Aufgaben und Methodik einer komplexen Erkundung; Probenahme und Bemusterung; nutzbare Mineralien und Lagerstätten, ihre Bewertung und Bauwürdigkeit; Etappen der geologischen Erkundung, Planung und Organisation einschl. Dokumentation und Berichtswesen; Grundlagen der Vorratsberechnung. Die dazugehörigen Übungen habe ich alle vierzehn Tage zweistündig, teilweise auch im Gelände an Objekten der Staatlichen Geologischen Kommission, durchgeführt und brauche in diesem Zusammenhang wohl nicht näher auf die Thematik einzugehen.

So bin ich der Ansicht, daß wir in der DDR keine eigene Fachrichtung „Lehre vom Aufsuchen...", geschweige denn ein eigenes Institut brauchen, ebenso wenig wie etwa für Hydrogeologie und Ingenieurgeologie. Wenn F. STAMMBERGER (1963, S. 37ff.) meint, die Erfahrung zeige, daß unsere Hochschulabsolventen seit 1945 keineswegs „jeder Aufgabe gewachsen" seien, und eine Umfrage bei den entsprechenden Stellen ihm recht geben würde, so muß ich dem nicht zuletzt aus eigener Erfahrung widersprechen. Es kommt nur darauf an, was man von einem Absolventen verlangt bzw. was man von ihm billigerweise erwarten darf. Neben hochqualifizierten Kräften gibt es, abgesehen von der trotz einheitlicher Lehrpläne glücklicherweise doch etwas verschiedenartigen Ausbildung an den einzelnen Hochschulen, auch weniger qualifizierte, aber durchaus gute Durchschnittskräfte, die ihren Mann stehen, aber anfangs vielleicht eine etwas längere Anlaufzeit benötigen. Es sind nun einmal Menschen, und jeder ist anders. Oft liegt es auch am Einsatz der Kräfte in den Betrieben und Dienststellen. Wir orientieren uns an den Universitäten durchaus nicht auf die Ausbildung von sogenannten „allround-Geologen", wie STAMMBERGER meint, aber wir legen Wert auf eine vielseitige und breite Basis, von der aus allein eine Spezialisierung erfolgen kann.

Im allgemeinen stellt die Diplomarbeit bereits eine gewisse Spezialisierung dar. Wenn man nach „Spezialisten" ruft, wäre es falsch, beispielsweise einen Absolventen, der im Paläozoikum stratigraphisch gearbeitet hat, nach dem Examen in der Hydrogeologie oder Ingenieurgeologie der Lockermassen einzusetzen, wie es geschehen ist und sich in der Praxis trotz aller Planung wohl auch zukünftig nicht vermeiden läßt, weil sich die Aufgaben und Schwerpunkte mitunter schneller verschieben, als man geplant hat. Prinzipiell sollte freilich ein Geologe dank seiner Ausbildung auch mit solchen Problemen fertig werden. Darin sind STAMMBERGER auf der einen und Kollege v. BÜLOW und ich auf der anderen Seite eben nicht ganz der gleichen Meinung. Was aber nötig ist und in vieler Hinsicht den Wünschen der Praxis entspräche, wäre, daß an unseren Instituten neben Geologie und Paläontologie ein Fachgebiet „Angewandte Geologie" geschaffen und mit der Einrichtung solcher Abteilungen begonnen würde wie beispielsweise an der Universität Budapest, an der eine solche Dreiteilung vorhanden ist. Dabei könnten sich an den einzelnen Hochschulen durchaus, den umfangreichen Aufgaben und den vielen Einzeldisziplinen gerecht werdend, Schwerpunkte für bestimmte Sachgebiete entwickeln. Nur sollte man nicht gleich von vornherein darauf verzichten, die angewandte Geologie im ganzen zu vertreten. In Form von Lehraufträgen könnten diejenigen Teile gelehrt werden, die der Professor mit seinen Mitarbeitern nicht selbst bewältigen kann. Die Assistenten und wissenschaftlichen Mitarbeiter auf diesem Gebiet sollten naturgemäß nur Geologen sein, die nach ihrer Diplomprüfung nicht an der Hochschule verblieben sind, sondern für einige Jahre in der Praxis waren und Erfahrungen sammeln konnten. Daß die Rückkehr zur Hochschule wegen der unterschiedlichen Entlohnung in der Praxis und an der Universität schwierig ist und unter den heutigen Verhältnissen kaum die erforderlichen Kader gefunden werden, ändert zwar nichts an der Tatsache, sei aber vermerkt. Keinesfalls ist es angängig, für diese Stellen Assistenten oder andere Mitarbeiter einzustellen, die niemals das praktische Leben und die hohe Verantwortung kennengelernt haben, die mit einer solchen Tätigkeit verbunden sind.

Mit meiner Auffassung, so glaube ich, komme ich also in gewissem Sinne den Forderungen von KREJTER und zugleich von STAMMBERGER entgegen. Ich habe einen Weg zu zeigen versucht, der m. E. in der DDR gangbar, ja wohl sogar notwendig erscheint, während dagegen weitere Aufsplitterungen und Spezialisierungen an den Hochschulen nicht zweckmäßig sein dürften. In der UdSSR, in der gänzlich andere Verhältnisse vorhanden sind, ist die Entwicklung von der unsrigen verschieden, ein direkter Vergleich daher nicht möglich. So kann ich zu den für dort von KREJTER aufgeworfenen Fragen selbst keine Stellung nehmen.

Zusammenfassung

Als Diskussionsbeitrag zu dem Aufsatz von W. M. KREJTER bzw. dem von F. STAMMBERGER werden die Verhältnisse in der DDR geschildert, wobei von der Entwicklung der Geologie an den deutschen Hochschulen seit dem 1. Weltkrieg ausgegangen wird. Verf. lehnt die Errichtung eigener Lehrstühle und Institute für die ,,Lehre vom Aufsuchen und Erkunden von Lagerstätten mineralischer Rohstoffe" ebenso ab wie etwa solche für Ingenieurgeologie oder Hydrogeologie, wie sie bereits einmal Anfang der 50er Jahre in Freiberg geplant waren. Er befürwortet im Prinzip die Trennung von Geologie und Paläontologie, wenn notwendigerweise auch nicht unbedingt in Form zweier völlig getrennter Institute, und fordert Lehrstühle bzw. Abteilungen für das Gesamtgebiet der angewandten Geologie im Rahmen der bestehenden Institute.

Резюме

В качестве вклада в дискуссию о статьях В. М. КРЕЙТЕРА (Москва) и Ф. ШТАМБЕРГЕРА автор рассматривает условия в ГДР исходя из развития геологии в немецких вузах с первой мировой войны. Автор отказывается от создания особых кафедр и институтов для ,,учения о поисках и разведке месторождений полезных ископаемых", также как, напр., для инженерной геологии или гидрогеологии, как они были запланированы во Фрейберге в начале 50-х годов. Он принципиально высказывается за отделение геологии от палеонтологии, но не безусловно в виде двух совершенно отделенных друг от друга институтов. Он требует кафедр или отделов для общей области прикладной геологии в рамках существующих институтов.

Summary

Proceeding from the development of geology in German universities since World War I, the conditions prevailing in the German Democratic Republic are described to contribute to the article published by W. M. KREJTER, Moscow, and F. STAMMBERGER respectively. The author rejects the establishment of special chairs and institutes for the ,,Science Dealing with the Prospection and Reconnaissance of Mineral Deposits" in the same way as for engineering geology or hydrogeology, as they were already planned at Freiberg at the beginning of the fifties. In principle, he advocates a separation between geology and palaeontology, although not necessarily in the form of two completely separated institutes, and demands chairs and departments respectively for the whole field of applied geology within the scope of the existing institutes.

Literatur

HOHL, R.: Zur Frage der Nachwuchsausbildung. — Z. angew. Geol., 3, S. 108—112, Berlin 1957.
KREJTER, W. M.: Aufgaben und Bedeutung der Lehre vom Aufsuchen und Erkunden mineralischer Rohstoffe. — Z. angew. Geol., 8, S. 449/453, Berlin 1962.
STAMMBERGER, F.: Zur Diskussion über das geologische Fernstudium. — Z. angew. Geol., 9, 1, Berlin 1963.

Besprechungen und Referate

DUDEK, A.

Krystalinikum

Verl. tschechosl. Akad. Wiss. (1962); 104 S., 58 Abb. (Schemata, Karten usw., 18 Abb. auf Kreidepapier), geb., Kčs 25,—

Soeben erschien in der ČSSR der Sammelband ,,Krystalinikum", der eine Anzahl von Aufsätzen tschechoslowakischer und ausländischer Autoren über Petrologie und Geologie in Kristallingebieten enthält.

Drei von den zehn veröffentlichten Beiträgen sind der Entwicklung und Anwendung der strukturanalytischen Methode gewidmet:

K. BENEŠ — Zum Problem der moldanubischen und assyntischen Faltung im Kern der Böhmischen Masse; A. BERTHELSEN, S. B. JENSEN — On the so-called Wildmigmatites — und J. HOLUBEC — Superposition der Deformationsakte, Stadien und tektonischen Zyklen.

Probleme der Zonalität der Metamorphose bzw. der Fazies der Metamorphite werden in folgenden Arbeiten gelöst:

Z. MISAŘ — Problems of the Geological Position and Zonality of Metasomatic Granitization — und V. ŠKVOR — Einige Probleme aus dem Kristallin des Gebietes von Aš in Böhmen.

Mit den Methoden der ,,kernphysikalischen Geochronologie" befaßt sich die Arbeit Z. VEJNARS — Zum Problem des absoluten Alters der kristallinen Schiefer und der Intrusive des westböhmischen Kristallins.

Weitere zwei Arbeiten behandeln die Fragen der Granite u. ä.: T. JARCHOVSKÝ — Entstehung der Feldspatsäume (Stockscheider) an den Kontakten von Granit und Greisenstöcken im Erzgebirge — und V. SATTRAN — Petrometallogenetic Series of the Magmatogene Ore Deposits in the Krušné hory Mts.

Ein besonders schwieriger Abschnitt der Klassifikation und Terminologie von metamorphen Gesteinen wird im Sammelband in folgendem Beitrag behandelt: K. R. MEHNERT — Zur Systematik der Migmatite.

Der letzte veröffentlichte Aufsatz betrifft die Kristalloptik: E. A. KUSNEZOW — Method of Comparative Dispersion of Birefraction.

Es ist beabsichtigt, unperiodisch weitere Sammelbände folgen zu lassen. Zweifellos entspricht so ,,Krystalinikum" einem Bedürfnis der Geologen, Petrographen, Geochemiker und Mineralogen, die besonders in Europa an Problemen des Grundgebirges arbeiten. Ein zweiter Band ist z. Z. in Druck.

T. KAEMMEL

BLUMENSTENGEL, H.

Über verkieselte Ostracoden aus dem Tentaculitenkalk (Unterdevon) der Bohrung Mötzelbach 3

GRÜNDEL, J.

Variationsstatistische Untersuchungen an *Healdia thuringensis* (Ostrac.) aus der *Gattendorfia*-Stufe von Thüringen

JORDAN, H., U. BERNSTORFF & J. GRÜNDEL

Die Ostracoden des Älteren Travertins (Pleistozän) von Mühlhausen (Thür.)

DREYER, D.

Zur Entstehung und Paläontologie der Bonebedlagen im Unteren Rät Thüringens

Freiberger Forsch. H. C 125, Paläontologie, Akademie-Verlag, Berlin 1962; 156 S., 64 Bilder, 23 Taf., 19 Tab., 30,— DM

1. Aus dem Thüringer Tentaculitenknollenkalk, Unterdevon, wird erstmalig eine reiche Ostracodenfauna beschrieben. Obwohl die Exemplare durch die Verkieselung verkrustet sind, lassen sich viele Merkmale an den isolierten Klappen und Gehäusen erkennen, die in der bisher bekannten Kalk- oder Schiefererhaltung nicht zu beobachten waren.

Die Arbeit gibt mit guten Abbildungen und Beschreibungen des bisher bestimmbaren Teils der vorgefundenen Arten eine erste Bestandsaufnahme der Ostracodenfauna dieser Schichten. Von den 18 beschriebenen Arten sind 13 neu.

2. Obwohl hier eine Ostracodenart variationsstatistisch untersucht und ihre ontogenetische Entwicklung an Hand dieser Untersuchungen eingehend erörtert wird, liegt der Schwerpunkt dieser Arbeit in der Diskussion einzelner statistischer Darstellungsmethoden und der Vor- und Nachteile ihrer Anwendung bei Ostracodenuntersuchungen. Speziell für stratigraphische Zwecke, aber auch bei ökologischen u. a. Untersuchungen muß immer mehr mit statistischen Methoden gearbeitet werden. Daher ist eine solche Zusammenfassung der verschiedenen Möglichkeiten zu begrüßen. Als Mangel erscheint dabei allerdings die Tatsache, daß nur wenige — und vorwiegend ältere — Arbeiten zur paläontologischen Statistik im Literaturverzeichnis angegeben werden.

3. Diese Arbeit gibt eine ausführliche Beschreibung der Ostracodenfauna des älteren Travertins von Mühlhausen, aus der einige ökologische Schlußfolgerungen gezogen werden können. Die Art *Ilyocypris bradyi* SARS wird eingehender untersucht. In einem besonderen Teil werden die beiden Unterarten von *Cyprinotus salinus* (BRADY) durch umfassende statistische Untersuchungen von GRÜNDEL belegt. Dabei können nur an den linken Klappen der Reifestadien Unterschiede festgestellt werden.

4. Es werden die Ergebnisse einer Untersuchung der Entstehung und des Fossilinhalts der Bonebeds im Unteren Rät Thüringens dargestellt. Der Bildungsraum dieser Schichten ist im Litoralbereich des Rätmeeres zu suchen. Ein bewegtes, seine Strömungsrichtung oft wechselndes Wasser bewirkte die Wechsellagerung und die Sortierung der Vertebratenreste. Bei der systematischen Untersuchung der Zähne und Schuppen wird vergleichsweise besonders die große Formenmannigfaltigkeit dieser Gebilde bei rezenten Haifischen beachtet.

E. TRÜMPER

DUBROWA, I. W.

Uranhaltige feste Bitumina in Effusiven

„Geologija rudnich mestoroshdenij", H. 6, Moskau 1961, S. 107—111

Das Untersuchungsgebiet, von dem in dieser Arbeit berichtet wird, baut sich aus zwei effusiv-sedimentären Gesteinsserien des Oberkarbons auf. Die untere Serie besteht aus tonig-karbonatischen Schiefern, bituminösen Kohlenstoffschiefern, Tuffen, Tuff-Sandsteinen und Tuffolaven, die von Liparit-Porphyr-Gängen durchsetzt werden. Der Gehalt an organischem Kohlenstoff in unveränderten Schiefern beträgt 2—4%. Dieser Serie ist winkeldiskordant die obere, aus Tuff-Lava-Brekzien von Sphärolith-Porphyren und Felsit-Porphyren bestehende Serie aufgelagert.

Beide Serien werden von steil einfallenden disjunktiven Störungen durchsetzt, die z. T. mit Quarz-, Siderit-Baryt-Quarz-, Ankerit-Quarz- und seltener mit Kalzit-Chlorit-Gängen verknüpft sind. Diese Gänge enthalten in geringer Menge Pyrit, Kupferkies, Bleiglanz, Fahlerze und Pechblende. In den gleichen Bereichen innerhalb der oberen Serie treten eigenartige Trümer, Nester und Einsprenglingszonen mit festen Bitumina auf. Die Form dieser Bildungen ist recht eigenwillig, mit Anschwellungen und Verbiegungen. Die Mächtigkeit der Trümer liegt zwischen einigen Millimetern und 3 cm, ihre Länge beträgt meist 20—25 cm.

Wo die Bitumennester von Siderit-Quarz- und Ankerit-Quarz-Gängen durchsetzt werden, wird die Bitumensubstanz stark von Karbonaten und Quarz korrodiert. Sie ist also eindeutig älter als die hydrothermale Quarz-Karbonat-Mineralisation. Verf. nimmt an, daß sie durch die thermische Wirkung der durchsetzenden gangartigen Extrusivgesteinskörper aus den Schichten und Linsen der dunklen kohlenstoffhaltigen Schiefer der unteren Serie mobilisiert wurde.

Eine intensive Bleichung und Verquarzung dieser Schiefer am Kontakt mit derartigen Extrusivgesteinen weist auf die starke Veränderung dieser Gesteine und die Abfuhr von organischer Substanz hin.

Die Farbe der Bitumensubstanz ist schwarz, der Glanz pechartig bis matt. Im Anschliff ist die Farbe grau mit braunem Stich. Der Bruch ist muschlig, die Härte beträgt 3—4, der Strich ist schwarz bis schwarzbraun. Die Dichte schwankt zwischen 1,39 und 1,42. Das Material ist anisotrop, das Reflexionsvermögen entspricht etwa dem von Zinkblende.

Die Substanz beginnt bei 350—400° zu brennen, ohne zu schmelzen; sie wird von Säuren, Laugen und Alkohol nicht gelöst. Eine chemische Analyse ergab: organ. Kohlenstoff — 31,55%; flüchtige Kohlenwasserstoffe — 4,79%; $+H_2O$ — 4,44%; $-H_2O$ — 1,50%; CO_2 — 14,15% und 44,12% eines hauptsächlich aus SiO_2, Al_2O_3, Fe_2O_3, CaO und MgO bestehenden Rückstandes.

In der Nähe der pechblendeführenden Quarz-Kalkspat-Gänge sind die Bitumina uranhaltig. Die Urankonzentration ist außerordentlich unterschiedlich und schwankt zwischen 0,01 und 2%. In größerer Entfernung von den hydrothermalen Gängen ist das bituminöse Material praktisch uranfrei. Das Uran wurde demnach höchstwahrscheinlich aus den hydrothermalen Lösungen der Quarz-Karbonat-Mineralisation adsorbiert.

E. HARLASS

REUTER, F. & R. REUTER

Ingenieurgeologische Beurteilung und Klassifikation von Auslaugungserscheinungen (Hinweise für das Bauen in auslaugungsgefährdeten Gebieten)

„Freiberger Forschungsheft C 127", Ingenieurgeologie, S. 5—47

Die Anwendung moderner Bauweisen, insbesondere der Großplattenmontage in Gebieten mit bisher vorwiegend ländlicher Bebauung, stellt höhere Ansprüche an die Stabilität des Untergrundes.

Die Auslaugung im tieferen Untergrund mit ihren Auswirkungen auf Baugrund und Bebauung ist ein Prozeß, der besonders durch künstliche Eingriffe des Menschen, vor allem im Bergbau, in ständigem Fortschreiten begriffen ist.

Neuere deutsche Literatur über die ingenieurgeologische Behandlung dieses Fragenkomplexes ist in unseren Bibliotheken schwerlich zu finden.

FRITZ & RENATE REUTER haben es unternommen, diese Lücke zu schließen, indem sie einen Überblick über die Ingenieurgeologie des Salz- und Gipskarstes geben und die Beziehungen zwischen diesen Karsterscheinungen und dem Bauwesen untersuchen.

Anhand bemerkenswerter Beispiele wird der Leser mit den Problemen in den senkungsgefährdeten Gebieten bekannt gemacht. Dies geschieht in anschaulicher Form, indem eine Reihe von Fällen aus der Praxis vorgeführt wird. Von diesen praktischen Erfahrungen ausgehend, kommen die Autoren zu einer Klassifizierung der Auslaugungserscheinungen.

Verf. unterscheiden folgende Gruppen:

1. Erscheinungen der Gipsauslaugung

a) Erdfälle, die schlagartig eintreten;

b) in Großerdfällen zu beobachtendes Hangfließen zum Zentrum der Absenkung;

c) durch Massendefizit verursachte großflächige, langanhaltende Senkungen der Erdoberfläche, dadurch entstanden, daß feines Material aus den Lockergesteinen vom Grundwasser in die Gipsspalten eingespült worden ist.

2. Erscheinungen der Salzauslaugung

a) Über dem Salzspiegel auftretende gleichmäßige, langandauernde Senkungen von großer Flächenausdehnung;

b) Erdfälle über dem Salzspiegel, die jedoch nur bei intaktem Deckgebirge möglich sind;

c) große Spezialdolinen, die gegenüber ihrer Umgebung eine höhere Senkungstendenz zeigen, wobei außer vertikalen Bewegungen auch horizontalgerichtete Bewegungen vorkommen;

d) an Salzspiegelrändern und im Zusammenhang mit der irregulären Salzauslaugung durch Kippbewegungen im festen Deckgebirge auftretende Spalten.

3. Erdfalltrichter, die über auflässigen und ersoffenen Kaligruben bei einem Austausch von Grundwasser und Sole entstehen können.

KAMMERER, F.

Ingenieurgeologische Methoden in Erdfall- und Senkungsgebieten

„Freiberger Forschungsheft C 127", Ingenieurgeologie, S. 5—47, S. 49—109

Geht die erste Arbeit des Forschungsheftes vorwiegend von der Geologie, insbesondere von den genetischen Verhältnissen, aus, so geht der Verfasser des zweiten Teils mehr von der ingenieurtechnischen Seite her an die Problematik der Erdfall- und Senkungsgebiete heran. FRIEDRICH KAMMERER teilt einige Ergebnisse seiner Praxis mit und wertet sie für allgemeine theoretische Betrachtungen aus.

Zur Klärung der geokinematischen Vorgänge werden die Wechselbeziehungen zwischen den Vorgängen im Untergrund und den Erscheinungen an der Erdoberfläche sowie dem Bauwerksverhalten analysiert. Ausführliche Behandlung erfährt das Spezialgebiet des Verf., die Erdfallmechanik.

Sehr bemerkenswert ist die Anwendung mathematisch-statistischer Methoden bei der Bearbeitung der sich aus den Erdfall- und Senkungsvorgängen ergebenden Probleme. Der zeitliche Verlauf der abklingenden Senkungen wird mathematisch durch Einführung von Exponentialfunktionen erfaßt. Die Auswertung der Meßergebnisse wird in anschaulichen Kurvenbildern und Skizzen deutlich gemacht.

Für die bautechnischen Maßnahmen in Erdfallgebieten werden wertvolle Hinweise gegeben.

Sehr interessant für die Diagnose von Gebäudeschäden ist eine umfassende Aufstellung der möglichen Ursachen solcher Schadenserscheinungen.

Die beiden den gegenwärtigen Stand der ingenieurgeologischen Problematik in den Auslaugungsgebieten zusammenfassenden Abhandlungen werden einen Ausgangspunkt für die weiteren auf diesem Gebiet notwendigen Forschungsarbeiten bilden.

Die Schrift ist darüber hinaus für jeden lesenswert, der geologisches Wissen mit Forderungen der Volkswirtschaft in Verbindung zu setzen versteht. A. THOMAS

KISTER, E. G. & M. J. LIPKES

Kalziumchloridspülungen

„Neftjanoje chosjaistwo", H. 5 (1962), S. 17–21

Ausgehend von normalen Kalkspülungen weist der Verfasser nach, daß durch Kalziumchloridzugabe bessere Eigenschaften erzielt werden. Die geringe Löslichkeit des Kalks, die im Beisein von Lauge und bei erhöhten Temperaturen noch mehr gesenkt wird, bedingt seinen geringen Gehalt im Filtrat (0,02–0,03%). Durch eine Erhöhung der Kalzium-Ionen auf 350–400 mg/l kann die Spülung lockeren Tonstein verfestigen. Eine Erhöhung des Inhibitions- und Verfestigungseffektes durch Kalziumchlorid ($CaCl_2$) verstärkt die Koagulation, und damit verschlechtern sich die Eigenschaften der Spülung, besonders die Wasserabgabe.

Bei einem optimalen Verhältnis von $CaCl_2 : Ca(OH)_2$: SSA = 1 : 3 : 3 wird bei einem pH-Wert von 11,7–12,2 mit SSA die maximale Verfestigung der lockeren Tonsteine erreicht.

Bei Laborversuchen betrug die Ca^{++}-Ionen-Konzentration 800–1500 mg/l. In Modellen aus Argillit wird die Wirkung dieser Spülung laborativ überprüft. Die Reihenfolge der Zusätze muß beachtet werden, damit keine Viskositätserhöhungen auftreten. Die Koagulation wird mit Schutzkolloiden reguliert. Der Grenzwert des Tongehalts — die Tonkapazität nach WNJJBT — wird bis auf 45% erhöht. Eine Bearbeitung der Kalziumchloridspülung mit Soda und Phosphaten ist wegen der Bildung von unlöslichen Karbonaten oder Phosphaten nicht zulässig.

Humate rufen Verdichtungserscheinungen hervor. Dieser Spülungstyp wurde erfolgreich eingesetzt und ergibt außer der Verfestigung des Gebirges auch keine nachzubohrenden Strecken, kein Festziehen und kein vorzeitiges Aufsetzen des Bohrgestänges. Die Regulierung der Spülungswerte ist einfach und geschieht schnell. B. HEYNE

LANZEWIZKAJA, S. L. & S. S. DADASCHEWA

Wasserabgabe von Zementmischungen

„Aserbaidshanskoje Neftjanoje Chosjaistwo", Nr. 1, Baku 1962, S. 21–24

Zementschlämme sind wäßrige Suspensionen, die unter Druck einen Teil der Flüssigkeit abgeben und an der Filtrationsfläche Krusten bilden. Dadurch können beim Zementieren poröser Gesteinsformationen bei großen Druckdifferenzen Komplikationen schwerwiegender Art eintreten. Die Verringerung des ursprünglichen Wassers zum Zementfaktor ändert die Abbindezeiten und die Festigkeit des Zementsteins. Aus diesem Grund ist es wichtig, bei der Überprüfung der GOST-Norm 1581–42 die Bestimmung der Wasserabgabe einzuführen. Die Untersuchungen führte man an verschiedenen Zementen und Zementmischungen durch. Die abfiltrierte Flüssigkeitsmenge wurde nach 1, 2, 3, 4, 5, 10, 20 und 30 Minuten gemessen. Die Hauptwassermenge wird in der ersten Minute abgepreßt, nach 4 Minuten ist die Filtration praktisch beendet. Bei der Gegenüberstellung eines Alitzements mit wenig C_3A und eines Belitzements stellte man fest, daß die Wasserabgabe des Alitzements größer ist. Von Einfluß ist auch der Bewegungszustand der Zementschlämme. Schlämme, die einer turbulenten Strömung unterworfen waren, zeigten um 4–11% höhere Wasserabgaben. Normale Tamponagezemente besitzen Wasserabgaben von 77–83%. Dagegen zeigen Gelzemente sowie Zemente mit Zusätzen von CMC und Latex geringe Filtrationsraten, während sie durch Sulfitspritablauge erhöht werden. Zahlreiche Tabellen stellen diese Ergebnisse übersichtlich dar. K. SCHULZE

BEACH, H. J.

Improved Bentonite Cements through Partial Acceleration

„Journal of Petroleum Technology" (1961), S. 923–926

Für die Zementierung von Bohrlöchern werden Schlämmen mit verbesserten Eigenschaften beschrieben, die Bentonit und Natriumchlorid enthalten. NaCl ist bei niedrigen Konzentrationen von 0,5–5% ein Beschleuniger. Es verkürzt die Versteifungszeit und erhöht die Frühfestigkeit des Zements. Bentonit ermöglicht eine gleichmäßige Schlämme geringer Sedimentation. Zemente mit Bentonitzusatz zeigen eine verbesserte Perforationscharakteristik. Bei Bentonitzusätzen sinkt die Festigkeit und genügt bei Zugaben über 16% nicht mehr den Mindestforderungen. Außerdem wird die Versteifungszeit verkürzt. Der Zusatz von Bentonit bis 16% und NaCl bis 5% resultiert in kombinierten Effekten, die sich sehr vorteilhaft auf die Eigenschaften des Zements auswirken. Die negativen Eigenschaften des Bentonitzements, wie geringe Festigkeit, werden durch den Zusatz von NaCl als Beschleuniger beseitigt. Die Viskosität der Schlämme wird verringert und stabilisiert. Die Wasserabgabe wird verringert. Diese Schlämme zeigt eine niedrige Dichte (1,44–1,56 g/cm³).

Die durch den Bentonitzusatz bedingte Wasserzugabe (1 Teil Bentonit benötigt 4,5 Teile Wasser) ergibt eine größere Schlammenge und reduziert dadurch die Zementationskosten um etwa 20%.

Durch Zusatz von Calciumlignosulfonat kann die Versteifungszeit verzögert werden. Statt der Zugabe von Kochsalz ist die Verwendung von Meerwasser möglich. Diese Schlämmen wurden in Teufen bis 3000 m erfolgreich eingesetzt, vor allem in Gebieten mit Spülungsverlusten. K. SCHULZE

OWENS, W. D.

How the radio-frequency method works as an exploration tool

„The Oil and Gas Journal", H. 10 (1962), S. 132–135

Die seit Jahren unternommenen Versuche, Radiowellen zur geologischen Erkundung zu benutzen, wurden immer wieder als aussichtslos beurteilt, weil diese Wellen nicht tief in die Erde einzudringen vermöchten. Neuerdings hat sich jedoch erwiesen, daß mit relativ kleiner Energie ausgesandte Radiowellen von niedriger Frequenz bis in große Tiefen (bei einem Versuch bis 28 km) vordringen und von dort Erkundungsdaten liefern können. Der Verf., der sich seit sechs Jahren mit diesem Problem beschäftigt, berichtet über eine Technik, die bereits erfolgreich zur Erdölerkundung angewandt wurde, und kennzeichnet die Vorzüge und die Grenzen dieses neuen Erkundungsmittels.

Es werden Wellen von extrem niedriger Frequenz angewandt, die von Öl- und Gashorizonten reflektiert werden und zu einem Empfänger gelangen. Sie können auf Tiefe und Qualität der Lagerstätte interpretiert werden. Da Erdöl ein ausgezeichneter Isolator ist und sich mit den Gesteinen der Umgebung weder chemisch noch elektrisch kombiniert, bildet eine höffige Zone ein erhebliches Hindernis für die Wellen und reflektiert sie. Eine in großer Tiefe liegende, mit Erdöl oder Gas gesättigte Sandsteinschicht von wenigen Fuß Mächtigkeit bildet eine hinreichende Diskontinuität. Die Reflexion der Wellen wird jedoch dadurch kompliziert, daß das Hangende über einer solchen Schicht niemals völlig homogen ist. Oft liegen schwach höffige Schichten oberhalb von stark gesättigten und stören deren Ermittlung.

Die Tiefenmessung wird dadurch ermöglicht, daß die die tieferen Schichten durcheilenden Wellen geringere Geschwindigkeiten haben als die an der Erdoberfläche laufenden, wodurch beim Empfänger Intervalle entstehen, aus denen die Lage des reflektierenden Horizonts errechnet werden kann. Wenn die aufliegenden Schichten nahezu homogen sind, kann sie sehr genau bestimmt werden. Der fahrbare Empfänger befindet sich in etwa 100—150 m Abstand vom Sender und wird nach verschiedenen Punkten in dessen Umkreis hinbewegt. Höhendifferenzen zwischen Sender und Empfänger müssen natürlich berücksichtigt werden. Ob die Oberfläche trockener Boden oder wasserbedeckt ist, spielt keine Rolle. Was die Methode nach den bisherigen Erfahrungen leistet, wird vom Verf. wie folgt gekennzeichnet:

1. Sie vermag sehr genau die laterale Abgrenzung eines Öl- oder Gasfeldes zu bestimmen.
2. In einem Gebiet, wo produktive Bohrungen vorhanden und deren Zuflüsse bekannt sind, können auch für die weitere Umgebung Profile über Qualität, Charakteristik und Tiefe des Reservoirs gegeben werden.
3. Unter günstigen Bedingungen kann die Permeabilität der ölführenden Schicht bestimmt werden.
4. Oberflächenbeschaffenheiten wie Verwitterungs- oder glazigene Böden beeinflussen die Ergebnisse nicht.
5. Auf die Tektonik einer Struktur können aus den Besonderheiten von Lage und Auftreten höffiger Horizonte Schlüsse gezogen werden. Spalten, die einen solchen seitlich abschließen, und vertikale Verschiebungen können ermittelt werden.
6. Sandlinsen und stratigraphische Fallen, die weder mit seismischen noch magnetischen noch gravitativen Methoden erkennbar sind, sind zu lokalisieren.
7. Lücken in einer erdölführenden Schicht, verursacht durch Verwerfung, Unterbrechung der Sandakkumulation und andere Faktoren, kann man bestimmen.
8. Öl- und Gasschichten können unterschieden werden, ausgenommen bei enger Verknüpfung von beiden.

Bei der Erkundung der vermuteten Fortsetzung einer produktiven Erdöllagerstätte in Pennsylvanien konnten, nachdem Suchbohrungen erfolglos blieben, mittels der Radiomethode mehrere Punkte für Bohrungen angegeben werden, die in etwa 2000 m Teufe (Unteres Devon) fündig wurden. Das betreffende Gebiet war in Form und Verteilung der höffigen Sandsteinhorizonte sehr unregelmäßig. Durch die Methode konnten die nichtproduktiven und die möglicherweise produktiven Teile lokalisiert werden. Die Tiefenangaben waren recht genau. Auch ein neues, noch durch keine Suchbohrung angetroffenes Vorkommen in 160 km Abstand von dem nächsten produktiven Feld konnte in dicht konsolidiertem, 300—400 m tief liegendem sandigem Schieferton ermittelt werden, worauf dortige Bohrungen fündig wurden.

Der Verf. hält es für sehr wahrscheinlich, daß die Methode künftig auch bei der Unterwassererkundung angewandt werden wird. HAVEMANN

BROWNING, W. C.

Hochdruckschmierstoffe in Bohrspülungen

„Oil and Gas Journal", Vol. 57, Nr. 39 (1959), S. 213—218

Es wird anhand von praktischen Feldeinsätzen der Vorteil von wasserlöslichen Hochdruckschmierstoffen (EP) beschrieben. Der EP-Zusatz reduziert beim Bohren die Verdrillung und Reibung, er verbessert die Meißelstanddauer und reduziert die Abnutzung aller Teile, die mit dem Spülungssystem in Berührung kommen. Gleichzeitig wird bei höheren Temperaturen ein nichtrostender Überzug auf der Metallfläche gebildet. 3—5% Hochdruckschmiermittel werden den normalen wasserbasischen Spülungen zugesetzt. Der Schmierstoffilm in den Meißellagern bildet bei hoher Belastung und Temperatur Reaktionsprodukte; beim Eisen sind es Eisenchloride und Eisensulfide, die wirksame Hindernisse für den Metall-zu-Metall-Kontakt bilden. Um diesen Kontakt zu verhüten, muß die Schmierstoffschicht außerdem noch weitgehend an der Metalloberfläche haften und eine hohe Viskosität und Festigkeit haben. Als Vergleich werden langkettige Alkohole, Fettsäuren und Seifen mit dem Ergebnis herangezogen, daß der EP-Schmierstoff den geeignetsten Zusatz in Bohrspülungen darstellt. Der Baroid-EP-Tester wird als bequemes Feldgerät zur Abschätzung der Schmierstoffbehandlung empfohlen. B. HEYNE

Autorenkollektiv

Naučný geologický slovník

Redaktion F. SVOBODA

Nákladatelství československé akademie VĚD, Praha 1960, Bd. 2, 1525 S., zahlr. Abb., Tab. u. Taf., 182 Kčs

Dieses geologische Wörterbuch, in zwei Bänden herausgegeben, hat einen Umfang von etwa 1500 Seiten. Es ist bisher — international gesehen — die beste Ausgabe, die je herausgegeben wurde.

Von großer Bedeutung ist, daß dieses Werk äußerst sinnvoll und gedankenreich illustriert wurde. Dabei ist zu bemerken, daß veraltete Begriffe angeführt sind und durch modernste Deutung den neuesten Erkenntnissen angepaßt werden.

Hervorzuheben ist, daß neben der Petrographie, Lithologie auch die Paläontologie stark zur Geltung kommt. Die Grundbegriffe der Mineralogie und des chemischen Aufbaus der Mineralogie werden ebenfalls in äußerst präziser Form dargestellt. Selbst die Erläuterung der Anwendung der Mikroskopie wird eingehend dargelegt.

Es wäre empfehlenswert, dieses umfangreiche Werk ins Deutsche zu übersetzen. An diesem Werk waren 75 Mitarbeiter tätig. H. STORM

KERTAI, G.

Die Entstehung des Erdöls

„Földtany Közlöny", Budapest 1962, Bd. 42, 1, S. 8—14

Verf. stellt anhand der letzten Ergebnisse zur Frage der Erdölentstehung in bezug auf ungarische Verhältnisse fest, daß die Ideen von PORFIRIEW nicht zutreffen. Es haben nicht nur Akkumulationen im Tertiär stattgefunden, wie PORFIRIEW annimmt, sondern auch im Mesozoikum. Unterschiede im Charakter von Ölen, die unter gleichen Bedingungen entstanden sind, zeigen, daß neben verschiedenartigem Ausgangsmaterial auch starke postgenetische Veränderungen eintraten. Neben dem „Mikronaphtha" (WASSOJEWITSCH) sollte auch der Terminus „Mikrogas" eingeführt werden, da solche Gasspuren weit von den Akkumulationen entfernt häufig vorkommen.

Neben dem Mutter- und Speichergestein spielt die tektonische Geschichte und Hydrodynamik eine entscheidende Rolle. R. MEINHOLD

Neuerscheinungen und Literaturhinweise

GIMMELFARB, B. M.

Was ist Phosphorit, wo und wie sucht man ihn?

Gosgeoltechisdat, Moskau 1959, 17 S.

GRIGOROWITSCH, M. B.

Wie sucht man Graphitlagerstätten?

Gosgeoltechisdat, Moskau 1960, 14 S.

GRIGOROWITSCH, M. B.

Wie sucht man Lagerstätten von Bausteinen, Kies und Sand?

Gosgeoltechisdat, Moskau 1960, 19 S.

GUDALIN, G. G.

Wie sucht man Kupfererze?

Gosgeoltechisdat, Moskau 1960, 23 S.

GUDKOW, A. S.

Wie sucht man piezooptische mineralische Rohstoffe?

Gosgeoltechisdat, Moskau 1960, 39 S.

KORIN, I. S.

Wie sucht man Nickelerze?

Gosgeoltechisdat, Moskau 1959, 41 S.

Nachrichten und Informationen

Erdöl/Erdgas

Erdölförderung der Welt

Ein Vergleich der Welterdölförderung in den ersten Halbjahren von 1962 und 1961 ergibt einen Anstieg von 551 auf 591 Mill. t. Von dieser Zunahme entfällt ein Viertel auf die UdSSR. Die Zuwachsraten in den sozialistischen Ländern waren zumeist höher als in den kapitalistischen Ländern, die nach einem jährlichen Zuwachs von 6,8% in dem Jahrzehnt 1950—1960 im ersten Halbjahr 1962 einen solchen von 6,6% hatten. An der Spitze der Mehrproduktion steht allerdings der Nahe Osten mit mehr als 10 Mill. t. Daß auch Venezuela eine Mehrproduktion von 7 Mill. t durchführen konnte, erklärt sich aus dem westeuropäischen Bedarf an Heizölen und schweren Rohölen, welchen Nordafrika, das vor allem leichte Rohöle liefert, nicht zu decken vermag. In der algerischen Sahara, die 1962 (erstes Halbjahr) bereits 10 Mill. t produzierte, wird bis 1965 ein Anstieg auf 35 Mill. t Jahresproduktion erwartet. In Libyen, wo die Großproduktion nach Fertigstellung von Pipelines und Hafenanlagen erst anläuft, werden für das zweite Halbjahr 1962 etwa 8 Mill. t erwartet. Auch in Nigeria wird ein starker Anstieg erwartet: von jetzt 3 Mill. t jährlich auf 5 Mill. t 1965. Die Welterdölförderung wird 1962 voraussichtlich rund 1,2 Mrd. t erreichen. Die Halbjahresproduktion 1961 und 1962 der einzelnen Länder ist aus nebenstehender Tabelle zu entnehmen (nach einer Londoner Aufstellung vom August 1962 in 1000 t). Ha.

	1. Halbjahr 1961	1. Halbjahr 1962	Zu- bzw. Abnahme in %	Anteil in % an d. Gesamtförderung 1. Halbjahr 1962
USA	177116	179200	+ 1,2	30,3
Kanada	14008	16200	+ 15,6	2,7
Venezuela	74862	82000	+ 9,5	
Kolumbien	3786	3500	− 7,5	
Trinidad	3224	3400		
Mexiko	7302	7900	+ 8,2	
Argentinien	5992	6600	+ 10,0	
Lateinamerika insg.	17705	19200	+ 8,4	3,3
Naher Osten				
Kuweit	41464	44362	+ 7,0	
Saudi-Arabien	34200	36100	+ 5,6	
Iran	28500	31200	+ 9,5	
Irak	23660	24500	+ 3,6	
Kuweit, Neutrale Zone	4400	5800		
Katar	4162	4321		
VAR	1823	2300		
Bahrein	1116	1120		
Naher Osten insg.	139592	150043	+ 7,5	25,4
Afrika				
Algerien	7885	10130	+ 27,1	
Nigeria	708	1650	+ 133,0	
Libyen	—	2000		
Afrika insg.	9101	11430	+ 58,2	2,4
Westeuropa				
Westdeutschland	2979	3277		
Österreich	1180	1180		
Frankreich	1015	1150		
Niederlande	1012	1150		
Italien	954	900		
Südasien				
Indonesien	10411	11300	+ 8,5	
Britisch-Borneo	2083	2000	− 4,0	
Westl. Erdhälfte	290710	303509	+ 4,4	51,4
Östl. Erdhälfte	170096	187658	+ 10,3	31,7
Davon außerhalb der USA	283690	311967	+ 10,0	52,8
Sozialistische Länder				
UdSSR	79800	89300	+ 11,9	
VR Rumänien	5651	5850		
VR Ungarn	697	750		
VR Albanien	320	350		
VR Polen	99	100		
VR Bulgarien	109	110		
ČSSR	75	80		
VR China	3200	3300	+ 3,1	
Jugoslawien	651	760		
Sozialistische Länder insges.	89951	99840	+ 11,0	16,9
Welt insges.	550757	590777	+ 7,3	100,0

(London, August 1962)

Welterdölreserven 1961

Land	Reserven Mill. metr. t	Anteil %	Verhältnis Reserven zur Jahresproduktion
Nordamerika	5472,40	12,9	14,2
u. a. USA	4785,70	11,3	13,5
Mittel- u. Südamerika	3560,20	8,4	17,3
u. a. Venezuela	2554,20	6,0	16,5
Europa	4857,20	11,5	24,8
u. a. Westdeutschland	69,00	0,2	11,1
Italien	47,00	0,1	23,3
Österreich	37,70	0,1	16,0
Rumänien	134,20	0,3	12,0
Sowjetunion	4452,10	10,5	26,8
Mittlerer Osten	25772,20	60,8	87,7
u. a. Irak	3575,80	8,4	72,9
Iran	4732,90	11,2	67,8
Kuweit	8547,00	20,2	103,3
Saudi-Arabien	7036,50	16,6	103,4
Afrika	1185,40	2,8	60,0
u. a. Algerien einschl. Sahara	710,10	1,7	45,3
Libyen	411,00	1,0	451,6
Ferner Osten	1540,60	3,6	50,6
u. a. Brit.-Borneo	95,20	0,2	23,2
China	68,50	0,2	23,2
Indien	67,00	0,2	148,9
Indonesien	1289,20	3,0	59,4
Australien	0,20	—	—
Welt insgesamt:	42388,20	100,0	37,6

—D—

Länder mit zunehmender Bohrtätigkeit

Während die Bohrtätigkeit in der kapitalistischen Welt im allgemeinen gegenüber den Vorjahren etwas nachgelassen hat, weisen einige Länder derselben eine gesteigerte Aktivität auf. Es sind dies nach Angaben von „World Oil", Aug. 1962, Argentinien, Chile, Trinidad, Libyen, Algerien, Nigeria, Indien und Australien.

In Südamerika ist Argentinien das aktivste Land. 1550 neue Bohrungen wurden dort 1962 bereits niedergebracht bzw. sind vorgesehen. Die meisten dieser Bohrungen wurden im Rivadavia-Gebiet angesetzt, wo mäßige Teufen zu durchstoßen sind, die ein schnelles Bohren gestatten. Die politische Unruhe Argentiniens erschwert allerdings die Durchführung.

In Afrika steht Libyen an der Spitze und übertrifft sogar Algerien. Es wird dort die Durchführung von 240 Bohrungen erwartet, 25 oder 11,6% mehr als die 215 des Vorjahrs. Voraussichtlich wird das Land 1962 37% aller afrikanischen Bohrungen niederbringen.

Im Nahen Osten sind mehr als 300 neue Bohrungen vorgesehen, 100 davon in der Neutralen Zone von Saudi-Arabien und Kuweit, 60 in der Türkei. Auch in Iran wird voraussichtlich das Vorjahr übertroffen werden. Die submarinen Bohrungen tragen zu dieser erhöhten Aktivität erheblich bei.

80 neue Bohrungen sind für 1962 in Indien vorgesehen, 14 mehr als die 66 des Vorjahrs, aber es können auch 100 werden, je nachdem ob mehr Entwicklungs- oder mehr Erkundungsbohrungen vorgenommen werden. In Indonesien und Australien steigert sich die zunehmende Bohrtätigkeit der letzten Jahre noch weiter.

In Kanada ist dagegen nur eine 3,5%ige, in den USA eine 1,8%ige Steigerung und in Japan ein Rückgang der Bohrtätigkeit zu erwarten. Ha.

Österreichs Bohrtätigkeit und Erdöl-/Erdgasproduktion 1961

Die Österreichische Mineralölverwaltung AG und die Rohöl-Gewinnungs-AG brachten 1961 4656 Schußbohrungen mit 124794 m nieder. Die hauptsächlichen Erkundungsgebiete waren nach wie vor das Wiener Becken und das Alpenvorland. Von 10 fertiggestellten Erkundungsbohrungen der ÖMV AG waren vier öl- oder gasfündig. Die Bohrung „Aderklaa 85" erreichte mit 4399 m die größte bisher in Österreich erreichte Teufe. Im ganzen wurden 1961 85 Tiefbohrungen abgeteuft. Von 46 Produktionsbohrungen waren 37 erdöl- und acht gasfündig. Von 16 Erweiterungsbohrungen ergaben 10 Erdöl und eine Erdgas. Die gesamte Bohrmeterleistung der österreichischen Erdölindustrie betrug 1961 151497 m, wobei sich die Erkundungsbohrungen auf immer tiefere Stockwerke erstreckten.

Die Erdgasproduktion betrug mit 1556075458 Nm³ 5,9% mehr als im Vorjahr. An der Trockengasförderung war das Erdgasfeld Zwendorf mit über 1,1 Mrd. Nm³ beteiligt, das 1960 entdeckte Gasfeld Wildendürnbach lieferte 25 Mill. Nm³. Bei der österreichisch-tschechoslowakischen gemeinsamen Ausbeutung des Gasfeldes Zwerndorf-Vysoka überstieg die österreichische Förderung diejenige der ČSSR um 42%. Ha.

Neues Erdöl-/Erdgasvorkommen in Argentinien

Ein neues Erdöl-/Erdgasvorkommen wurde im Konzessionsgebiet von Colonia Catriel entdeckt. Es handelt sich vor allem um leichte Erdöl- und um reiche Erdgasvorkommen. Es wird angenommen, daß die Erdgasproduktion des neuen Gebietes wahrscheinlich in Kürze 3 Mill. m³/Tag erreicht und die Möglichkeit besteht, diese Produktion innerhalb weniger Monate zu verdoppeln. —D—

NE-Metalle

Italiens Förderung an NE-Metallen

Die italienische Förderung von NE-Metallerzen konnte 1961 trotz rückläufiger Preise gesteigert werden. Die Förderung von Zinkerz stieg 1961 auf 280000 t (1960: 277000 t, 1959: 273000 t). In der Förderung von Manganerzen ist im Jahre 1961 mit einem geringfügigen Zuwachs gegenüber 1960 (47000 t) zu rechnen. Während der ersten 11 Monate 1961 betrug die Förderung rd. 44000 t. Die Produktion von Antimonerzen und Pyrit konnte im vergangenen Jahr ebenfalls erhöht werden. Die italienische Bauxitförderung betrug in den ersten 11 Monaten des Jahres 1961 298000 t (12 Monate 1960: 318000 t). An Quecksilbererzen wurden in Italien 1961 etwa 300000 t gefördert (1960: 294000 t). Die Bleierzförderung ging 1961 auf 70000 t zurück (1960: 79000 t, 1955: 83000 t). —D—

Der Kupferbergbau Chiles

Im Bergbau Chiles steht die Kupferproduktion an erster Stelle. Die nachgewiesenen Kupferreserven des Landes werden mit 42 Mill. t oder 27% der Weltreserven angegeben. Der Anteil Chiles an der Weltkupferförderung ist jedoch von 20,8% in den Jahren 1945—1949 auf 14,8% im Jahre 1960 zurückgegangen, und zwar von 547609 t (1959) auf 545049 t (1961). Die Produktionseinschränkung der mittleren und kleinen Unternehmen (von 65483 auf 47616 t) wurde durch eine Steigerung seitens der großen Unternehmen (um etwa 16000 t) nicht ganz wettgemacht. Die beiden größten Kupfererzgruben Chiles, Chuquicamata (im Norden) und El Teniente (im Zentrum) werden von den US-Gruppen „Anaconda" und „Kennecott-Copper", die in Chile andere Firmenbezeichnungen führen, ausgebeutet. Nach dem „Länderbericht" des DIM, Nr. 10, Juni 1962, über Chile entfallen 90% der Gesamterzeugung auf diese großen Gesellschaften. Das Vorkommen von Rio Blanco, dessen Ausbeutung jedoch erst nach fünf Jahre beanspruchenden Vorbereitungsarbeiten beginnen kann, wird auf 120 Mill. t Kupfererze geschätzt. Mit der Ausbeutung des auf 10 Mill. t Erz geschätzten Vorkommens von Mantos Blancos wurde im März 1962 begonnen. 16000—18000 t jährliche Erzeugung werden erwartet. Ha.

Sonstiges

Verwendung von Aluminiumgestänge beim Tiefbohren

In den letzten Jahren sind Aluminiumgestänge in den USA, Kanada, Chile und Tunis in genügender Zahl verwendet worden, um eine Bewertung zu ermöglichen. In „The Petroleum Times", 27. 7. 1962, S. 495—496, wird eine solche unter Herausstellung der Vor- und Nachteile gegeben. Das geringe spez. Gewicht des Metalls ist einer der offensichtlichen Vorzüge, der es ermöglicht, größere Tiefen zu erreichen als mit Stahlgestängen. Aluminiumrohre sind um 40% leichter als Stahlrohre. Dadurch werden die Kosten pro Bohrmeter verringert. Der Bericht nennt einen Beispielsfall, in dem bei 5000 kg Gewichtsersparnis 600 m zusätzliche Bohrtiefe erreicht wurden. Durch schnelleres Ausbauen, geringeren Energieverbrauch, schnellere Manipulationen und geringere Mannschaftsermüdung ist eine 30%ige Kostensenkung möglich. Aluminium ist korrosionsbeständig gegenüber Schwefelwasserstoff, Kohlendioxyd und organischen Säuren, welche Stahl sehr angreifen. Seine Anwendung ist also dort besonders geeignet, wo mit diesen Stoffen zu rechnen ist. Jedoch muß eine schwachalkalische Spülung verwendet werden. Arsenikhaltige Spülungsmittel können nicht beigegeben werden, da ihre Reaktion mit Aluminium giftiges Arsengas ergibt. Die Bohrgarnitur ist dieselbe wie bei Stahlgestänge. Die Gestängeverbinder waren aus Stahl und wurden nach einem besonderen Verfahren den Rohren angeschweißt. Eine Verdrillung hat sich bisher bei Verwendung von Aluminiumrohren nicht ereignet. Allerdings ist der Preis eines Aluminiumgestänges einschließlich Garnitur erheblich höher als der eines Stahlgestänges; auch die Abnutzung liegt um etwa 35% höher. Die Vorteile bei der Verwendung müssen die Nachteile ausgleichen. Konstruktion und Einsatz des Aluminiumgestänges sind in den USA unter erheblichem Aufwand an Forschung und Kosten entwickelt worden. Der erste transatlantische Einsatz eines Aluminiumgestänges fand auf der Insel Djerba an der Küste von Tunis statt.

Auch bei Unterwasserbohrungen wurde Aluminiumgestänge verwendet, und zwar vor der Küste von Kalifornien bei Wassertiefen von 30 bis 270 m, wobei das geringe Gewicht von Aluminium und die bequeme Handhabung schnelleres Bohren ermöglichten, Aluminium sich in dem Abschnitt zwischen dem Drehtisch und dem Meeresboden als flexibler erwies als Stahl und schließlich auch sein Korrosionswiderstand gegen Meerwasser ins Gewicht fiel. Ha.

Verfahren zur Stabilisierung von unterirdischen Gesteinsformationen

Bei unterirdischen Arbeiten muß man die Gesteinsformationen so stabilisieren, daß die Schichten in ihrer Lage bleiben. Zu diesem Zwecke werden flüssige Polyesterharze in die Deckschichten injiziert, so daß das Herabfallen der Gesteinsdecken selbst nahe der Arbeitsfläche verhindert wird. Die üblichen Stabilisierungsmittel sind vorzugsweise bei Raumtemperatur flüssig. Für eine solche Härtung ist es notwendig, daß das einzuspritzende Harz möglichst schnell polymerisiert. Wenn nun aber ein solches Harz mit geeigneten Promotoren und Katalysatoren zur Härtung in der Formation gemischt wird, entsteht die Gefahr, daß es auch gleich schnell in dem Vorratstank und in den Einspritzvorrichtungen erhärtet, wenn es nicht in der Reaktionszeit verwendet wird. Es wird deshalb vorgeschlagen, nötigenfalls einen geeigneten Inhibitor zu der Harzmischung, nachdem sie katalysiert wurde, zuzumischen und damit die Polymerisation in einem solchen Ausmaß zu verhindern oder zu verlangsamen, daß die Aufbewahrungsdauer oder das Topfleben des Harzes nach Stunden oder Tagen bemessen werden kann. Durch Zugabe einer zusätzlichen Menge Katalysator wird die Bremswirkung des Inhibitors überwunden, und das Harz polymerisiert genauso, als ob überhaupt kein Inhibitor zugegeben worden wäre.

Als Inhibitoren werden Phenole vorgeschlagen, also Phenol selbst, Alkylphenole, wie die o-, m- oder p- oder gemischte Kresole, höhere Alkylphenole unter Einschluß derjenigen, in denen der Ring durch Äthyl-, Propyl-, Butyl- und höhere Alkylreste substituiert ist und wobei mehr als eine Alkylgruppe anwesend sein kann. Auch mehrwertige Phenole können verwendet werden, wie Brenzcatechin, Resorcin, Hydrochinon oder Mischungen derselben, oder teilweise alkylierte mehrwertige Phenole unter Einschluß von t-Butylbrenzcatechin, Eugenol und Isomeren derselben und Verbindungen, die mehrere Alkylreste als Substituenten aufweisen. Auch Phenole mit Alkoxygruppen kommen in Betracht, wie Tuajacol, Eugenol und andere ähnliche Phenole.

Die Inhibitormenge hängt zum Teil von dem Anteil an Promotor, dem Anteil an Katalysator und der Zeit, in der die Inhibition gewünscht wird, sowie den Temperaturbedingungen ab, wobei der genaue Anteil zusammen mit diesen Bedingungen und der Wirksamkeit des Inhibitors schwanken wird. Etwa 0,001 bis 0,01 Teile je 100 Teile Harz eines starken Inhibitors, wie t-Butylbrenzcatechin, ist der bevorzugte Bereich. Mit schwächeren Inhibitoren, wie Kresylsäure, können bis zu 1 Teil je 100 Teile Harz verwendet werden.

(DBP Anm. 1124885) H. Friedemann

Seeseismische Untersuchungen im Golf von Suez

Die General Petroleum Company S.A.E. Kairo hat der Prakla Gesellschaft für Lagerstättenforschung in Hannover den Auftrag erteilt, das gesamte Gebiet des Golfes von Suez und den nördlichen Teil des Roten Meeres seeseismisch zu vermessen. Der Auftrag umfaßt etwa 5000 Schußpunkte. Er stellt zunächst eine Erweiterung der in den letzten drei Jahren durchgeführten landseismischen Messungen dar und soll darüber hinaus Anhaltspunkte für die geologischen Verhältnisse im eigentlichen Graben des Golfes liefern.

An Bord des für die Untersuchung vorgesehenen Meßschiffes befinden sich eine der modernsten seeseismischen Apparaturen mit Magnetbandregistrierung, ein neuentwickeltes Seemeßkabel mit 20 Hydrophonen pro Spur, ferner eine elektronische Ortungsanlage, die es ermöglicht, die vorgegebenen Profillinien mit großer Genauigkeit einzuhalten. Die Meßergebnisse werden bereits an Bord des Schiffes so weit verarbeitet, daß eine vorläufige Auswertung jeweils unmittelbar nach Abschluß eines Meßprofils vorgelegt werden kann. Das Schiff war Anfang 1962 im Meßgebiet einsatzbereit. D.

Neues Entsalzungsverfahren für Meerwasser

In den USA wird ein neues Verfahren zur Süßwassergewinnung aus Meer- und Brackwasser erprobt, das sich besonders durch seine Einfachheit und Wirtschaftlichkeit auszeichnen soll. Das Verfahren wird als ein neuer Entsalzungsprozeß, als eine umgekehrte ,,Osmose" bezeichnet. Während beim Vorgang der Osmose der Flüssigkeitsstrom bei zwei durch eine ,,halbflüssige" Membrane getrennte Flüssigkeiten von der weniger starken Lösung zu der stärkeren fließt, will man bei dem neuartigen Entsalzungsverfahren die stärker konzentrierte Salzlösung unter hohen Druck setzen und den osmotischen Fluß dadurch umkehren. Das Salz der Lösung würde dabei von der Spezialmembran zurückgehalten werden, während das entsalzte Wasser durch die Membranporen hindurchtritt und als Süßwasser gesammelt wird. —D—

Unterirdische Wasservorräte in der VR Ungarn

In der Ungarischen Volksrepublik sind gegenwärtig 35000 artesische Brunnen in Betrieb. Ein Fünftel dieser Wassermengen hat Temperaturen über 26 °C und enthält damit eine Wärmemenge, die dem Kaloriengehalt von jährlich 1,8 Mill. t Kohle entspricht. Durch systematische Tiefbohrungen werden die unterirdischen Heißwasservorräte erschlossen.

Ungarn gehört zu den Ländern mit den größten Thermalwasservorräten. In der Nähe der Ortschaft Buek befindet sich der ergiebigste Heißwasserbrunnen Mitteleuropas, der aus einer Tiefe von 1280 m in der Minute 13500 l Wasser von 60 °C liefert. —D—

Kurznachrichten

Mit der Ausbeutung der **erdölhaltigen Sande** von **Athabasca** in Kanada soll ab 1966 begonnen werden, falls die kanadische Regierung dem eine Investierung von 124 Mill. $ vorsehenden Programm der Great Canadian Oil zustimmt. Aus diesen Sanden sollen den Schätzungen nach jährlich 11,5 Mill. Faß Erdöl gewinnbar sein.

In dem **submarinen Erdölfeld** Huntington Beach (**Kalifornien**), wo im September 1962 eine erste Bohrplattform in Stellung gebracht wurde, ist nunmehr 1,5 Meilen vor der Küste eine zweite Plattform errichtet worden, die sich von 14 m unter Wasser bis 12 m über Wasser erhebt. Huntington Beach liegt 10 Meilen südwestlich von Wilmington, Kaliforniens größtem Erdölfeld.

Im Südosten von **Mexiko** wurde in dem Erdölgebiet Cunduacán im Staate Tabasco in 1310 m Teufe ein **Asphaltvorkommen** von 300 m Mächtigkeit und 50 km² Ausdehnung erbohrt.

Bei **Gänserndorf** nördlich von Wien wurde in 2800 m Tiefe ein neues **Erdölvorkommen** erbohrt, dessen Umfang noch zu erkunden ist. Im Felde Matzen wurde aus dem mesozoischen Untergrund des Wiener Beckens ein hochwertiges Paraffinöl gefördert, so daß mit einem Wiederanstieg der etwas zurückgegangenen Förderung nördlich von Wien gerechnet wird.

Die neuen **Kohlenfunde** auf der Halbinsel **Sinai** werden auf 40 Mill. t geschätzt und dürften ausreichen, den Bedarf der VAR Ägypten auf mehrere Jahrzehnte zu decken.

Im **Kokskohlengebiet** von **Rybnik** (VR Polen) wird nach fünf bereits fördernden Bergwerken mit der Errichtung des sechsten begonnen, während drei weitere projektiert sind. Nach diesen neun Bergwerken sind in diesem Gebiet bis 1980 noch 18 weitere geplant.

Kanada wird nach Angaben von ,,Oil and Gas" vom 3. Sept. 1962 um 1965 der zweitgrößte Produzent von **Schwefel** werden und etwa 20% der kapitalistischen Welt versorgen. Die Provinz Alberta allein werde dann über 2,3 Mill. t jährlich produzieren und Kanada insgesamt eine Kapazität von 3 Mill. t erreichen.

Im **malaiischen** Staat Pahang wurde 30 km westlich des im Aufbau begriffenen **Eisenerzbergwerks** von Rompin ein Eisenerzvorkommen mit 66% Fe entdeckt, das sich über 78 km² erstreckt und mindestens 10 Mill. t Erz mit geringen Kieselerde-, Tonerde- und Staubbeimischungen und sehr geringen Verunreinigungen enthält.

Auf **Grönland** wurden im Sommer 1962 in dem Bergmassiv Ilimaussak in 200 m Teufe große **Uranvorkommen** erbohrt, die sich über 200 km² ausdehnen. Bisher war auf Grönland nur bei Narssag Uran gefunden worden.

Aus dem **Manganerzvorkommen** von Moanda in **Gabun**, das auf 200 Mill. t mit über 50% Mn geschätzt wurde, wurde bis Ende 1962 eine Förderung von 170000 t Erz, ab 1963 wird eine jährliche Förderung von 700000 t erwartet.

,,Magnochrom" nennt sich ein **jugoslawisches** Werk zur Herstellung von feuerfestem Material, das mit 12 **Magnesit**- und **Chromitbergwerken** des Landes zusammengeschlossen werden soll. Die jugoslawische Produktion von Magnesit und Chrommagnesit betrug 1961 43472 t.

Ein **Zinnerzvorkommen** im Süden von **Neusüdwales** (Australien), 64 km von Narrandera, dessen Ausbeutung bevorsteht, soll 1,6 Mill. t Erz mit 1,4% Feinzinn enthalten. Eine tägliche Aufbereitung von 1000 t Erz ist geplant.

In den nächsten Heften

der

Zeitschrift für angewandte Geologie

erscheinen u. a. folgende Beiträge

H. KUGLER: Zur Erfassung und Klassifikation geomorphologischer Erscheinungen bei der ingenieurgeologischen Spezialkartierung
B. HEYNE: Einsatz von Schutzkolloiden und Dispergiermitteln in Bohrspülungen
K. LEHNERT: Zur Eichung und Interpretation von Neutron-Gamma-Messungen im Zechstein-Hauptkarbonat
D. STEINBRECHER: Über die Möglichkeiten einer Porositätsbestimmung des Zechstein-Hauptkarbonats mit Hilfe neutronenphysikalischer Methoden
R. MEINHOLD: Die geochemischen Verfahren der Erdölgeologie (Fortschrittsbericht und kritische Wertung)
C. SIEGERT: Das Liegende des Kupferschiefers im Raum Spremberg—Weißwasser
H. THIEME: Tellurische Messungen mit neuentwickelten Apparaturen über einer Antiklinalstruktur in Mecklenburg
K. SCHELLMOSER: Zur Zuverlässigkeit von Trocken- und Spülbohrergebnissen

Herausgeber: Staatliche Geologische Kommission und Zentrale Vorratskommission für mineralische Rohstoffe der Deutschen Demokratischen Republik. Für die kollektive Chefredaktion: Dr. K. KAUTER (Redaktionssekretär), Berlin. Redaktion: Berlin N 4, Invalidenstraße 44. Verlag: Akademie-Verlag GmbH, Berlin W 8, Leipziger Straße 3–4 (Fernsprecher 22 04 41, Telex 011773, Postscheckkonto: Berlin 35021). Bestellnummer des Heftes 1047/9/3. Die „Zeitschrift für angewandte Geologie" erscheint monatlich. Bezugspreis 2,– DM je Heft. — Satz und Druck: Druckhaus „Maxim Gorki", Altenburg. Veröffentlicht unter der Lizenznummer 1279 des Presseamtes beim Vorsitzenden des Ministerrates. Karten: MdI der DDR, Nr. 7621, 8072, 8187, 8313.

FSC
www.fsc.org
MIX
Papier | Fördert gute Waldnutzung
FSC® C083411

Zeitfracht Medien GmbH
Ferdinand-Jühlke-Straße 7
99095 Erfurt, Deutschland
produktsicherheit@kolibri360.de